Inhaltsverzeichnis

Nicole Horsky

Blinder Hund – was nun?

Ein Ratgeber zur Haltung und Erziehung von blinden und sehbehinderten Hunden

Für Elliott

KYNOS VERLAG

Konrad-Zuse-Straße 3
D-54552 Nerdlen/Daun
www.kynos-verlag.de

Bildnachweis:
Foto S. 10: Daniela Salcher
Foto S. 30: Katharina Niederhauser
Foto S. 53: Dietmar Steuernagel
Alle anderen Fotos: Nicole Horsky

Gedruckt in Dänemark

4. Auflage 2021

ISBN 978-3-938071-70-0

Einleitung

Elliott ist sechs Jahre alt. Er ist ein Jagdhundmischling und sieht aus wie ein Bär. Manche nennen ihn Kuschelmonster, weil er stundenlang ohne Pause kuscheln kann. Er ist immer gut gelaunt, für jeden Spaß zu haben und die größte Haushaltshilfe, die man sich wünschen kann: Er kann Licht aus- und anmachen, Teppiche aufrollen und Küchenkästchen öffnen. Momentan lernt er gerade Wäsche zu sortieren.

Zuhause liegt er meistens auf dem Sofa und streckt seine langen Beine von sich weg. Wenn man aufhört, ihn zu streicheln, grunzt er und stupst einen mit der Pfote an.

Am liebsten spielt Elliott verstecken. Er kennt die Namen seiner Spielzeuge und lernt gerne neue Tricks. Wenn ich ihn frage, wie viel 1 + 1 ist, bellt er zweimal. Manchmal verrechnet er sich, dann sind 1 + 1 acht!

Elliott ist ein sehr sozialer Hund. Menschen die er kennt, liebt er sehr, mit denen möchte er den ganzen Tag zusammen sein. Fremde findet er gruselig, aber das ist in Ordnung. Ich habe gelernt, damit umzugehen und er hat gelernt, dass sie okay sind, wenn ich es sage. Wenn ich merke, dass er sich sehr unwohl fühlt, laufen wir einfach einen Bogen.

Elliott liebt Autofahren. Selbst wenn die Fahrt länger dauert, sieht er aus dem Fenster, schläft eine Runde und sieht dann weiter hinaus.

Was genau Elliott sieht, werde ich wohl nie erfahren, denn Elliott ist fast blind. Er hat eine Restsehfähigkeit und kann nur Hell-Dunkel-Kontraste wahrnehmen. Er hat zu wenig Sehnerven: Die Informationen, die die Linse aufnimmt, können nicht an das Gehirn weitergeleitet werden.

Elliott kam mit ungefähr zehn Wochen zu mir. Als ich ihn das erste Mal sah, wusste ich, er würde übrig bleiben, wenn ich ihn nicht mitnehmen würde. Er saß in der Ecke und ließ sich nicht anfassen. Ich nahm ihn mit.

Er ging den ganz normalen, rasanten Weg eines modernen Stadthundes: Welpenschule, Begleithundeprüfung, Fährte, Agility. Er war überall der Beste in der Gruppe und bei jedem Turnier unter den ersten Drei: Dass er manchmal gegen Hindernisse lief, sorgte niemanden. Das sei normal, sagte man mir. Dass er immer mit dem Magen Probleme hatte, Pech.

Elliott war immer nervös. Er klebte ständig an meinem Rockzipfel und machte den Eindruck, als würde ihm gleich der Himmel auf den Kopf fallen.

Er verbellte Menschen, wenn sie ihn anfassen wollten und lief ständig im Kreis.

Er litt und schrie um Hilfe, aber ich konnte ihn ein Jahr lang nicht hören.

Als er anderthalb Jahre alt war, begriff ich, dass dieser Hund nicht glücklich war und suchte Hilfe. Auf diesem Weg traf ich viele Trainer, die einen waren besser, die anderen schlechter, aber keiner konnte ihm helfen. Alle wollten nur seine Symptome bekämpfen, anstatt die Ursache für sein Verhalten zu finden.

Elliott war zu diesem Zeitpunkt sehr verhaltensauffällig. Er hatte vor dem Leben Angst, konnte nicht mehr an fremden Menschen vorbeigehen und war stets bereit, sein Leben zu verteidigen. Er war krank geworden vor Angst.

Endlich traf ich eine Trainerin, die sah, dass seine Probleme organische Ursachen haben könnten. Sie schickte uns in eine Tierklinik, wo diagnostiziert wurde, dass Elliott fast blind ist.

Ich machte alle erdenklichen Gefühlswelten durch. Zorn, Schuld, Mitgefühl. Wie konnte ich anderthalb Jahre lang mit einem Lebewesen zusammenleben und nicht merken, was mit ihm los war?

Elliott hat sich zu einem glücklichen Hund entwickelt, der jedem Tag mit einem Lächeln entgegensieht. Er ist wie jeder andere Hund auch, bloß dass ihm ein Sinn fehlt.

Ich habe auf unserem Weg viele tolle Menschen mit faszinierenden blinden Hunden kennengelernt, die so viel Wärme und Liebe geben und so viel Geduld mit ihren Mitmenschen haben, wenn sie ständig gefragt werden, wieso sie ihr Tier nicht einschläfern lassen.

Deshalb und noch aus vielen anderen Gründen bin ich glücklich darüber, dieses Buch geschrieben zu haben.

Es soll Ihnen zeigen, dass blinde Hunde mit ihrer Behinderung sehr gut leben können und fast die gleichen Dinge tun können wie sehende Hunde. Dieses Buch soll Sie unterstützen und Ihnen Mut machen, einen schönen Weg mit Ihrem Hund zu gehen, egal ob Sie einen Hund haben, der von Geburt an blind ist oder einen, der aufgrund einer Altersbegleiterscheinung oder einer Krankheit erblindet.

Es soll Ihnen zeigen, wie Sie Ihren Hund zu einem folgsamen Tier erziehen können, das sich an Ihnen orientiert und Ihnen vertraut.

Diagnose blind, was nun?

Wie der Mensch damit umgeht

Als ich erfuhr, dass mein Hund blind ist, war ich zunächst einfach fassungslos, dann folgten Schuldgefühle und Trauer. Ich war auch zornig, fand es ungerecht und wälzte die Schuld auf die nächstbesten Menschen ab. Im Grunde war ich machtlos, und aus diesem Gefühl stieg wohl die Angst vor dem Umgang mit meinem Hund.

So oder ähnlich kann es Menschen ergehen, wenn sie damit konfrontiert werden, dass ihre Hunde erblinden. Hat man es mit einer plötzlichen Erblindung zu tun, wird man in dieses Schicksal hinein gestoßen und muss zusehen, so schnell wie möglich den besten Umgang damit zu finden. Findet die Erblindung langsam statt, hat man Zeit, in die neue Situation hineinzuwachsen.

Erblindung ohne Heilungsaussichten ist ein chancenloser Kampf gegen den Verlust des Augenlichtes, das heißt, dass es an dem Menschen liegt, daran zu wachsen und es als Chance zu betrachten. Bezeichnen wir unsere Haushunde als die besten Freunde des Menschen, können wir einmal zeigen, wie sehr wir ein bester Freund sein können und unserem Hund in dieser Zeit zur Seite stehen.

Es ist normal und wichtig, traurig zu sein, denn so kann man lernen, einen Umgang damit zu finden. Manche Menschen sind verzweifelt, andere geschockt und denken im ersten Moment an Euthanasie, andere machen nichts von alledem durch und nehmen es so hin wie es kommt. Wenn Sie aber zur ersten Gruppe gehören, ist es wichtig, sich darüber bewusst zu werden, dass weniger das Tier mit seinem Verlust ein Problem haben wird als der Mensch. Der Hund wird einen Sinn verlieren und seine anderen Sinne schärfen. Er wird sich umstellen müssen, aber er wird das Beste daraus machen. Der Mensch braucht länger als der Hund, denn die Realität, in der er lebt, ist die, die vom Menschen und der Gesellschaft vorgegeben wurde. Die Realität des Hundes hat dieser sich selbst geschaffen.

Nach der Diagnose kann man der Tatsache vielleicht noch nicht ins Auge sehen. Man wird es eventuell nicht glauben wollen und einen zweiten und dritten Tierarzt konsultieren. Das ist wichtig, denn auch Ärzte sind nur Menschen und können sich irren. Scheuen Sie sich also nicht, mehrere Tierärzte aufzusuchen. Es hilft außerdem, mit so einer Situation fertig zu werden und sich langsam damit auseinander zu setzen. Man wächst in die Realität hinein. Es ist wichtig, dass sich das tierärztliche Personal des Hundebesitzers annimmt, ihn aufklärt und ihm auch einen Teil seiner Angst nimmt.

Sie müssen sich darüber klar werden, dass Hunde auch ohne Augenlicht wunderbar leben können, über Wiesen laufen, Bälle fangen und stundenlang gemütlich aus dem Fenster sehen.

Elliott sieht gerne zum Fenster hinaus

Sie müssen sich nicht isoliert fühlen, auch wenn Sie sich im ersten Moment so fühlen, weil Sie niemanden mit einem blinden Hund kennen und sich auch noch nie davor damit auseinandergesetzt haben, dass es zufriedene Hunde ohne Augenlicht geben könnte. Vielleicht sind sie überfordert bei dem Gedanken, mit einem blinden Hund zusammenzuleben. Vielleicht werden Sie im ersten Moment auf wenig Verständnis in Ihrem Umfeld treffen, was das Gefühl der Isolierung verstärken kann. Es ist in Ordnung zu weinen und seinen Schmerz diesbezüglich hinauszulassen, ich halte es aber dennoch für wichtig, den Hund damit nicht unnötig zu belasten. Der Mensch sollte in diesem Fall für das Tier da sein und nicht umgekehrt.

Die letzte Phase ist die Zustimmung, und Sie werden in Folge dessen sehen, dass es tatsächlich nicht viel anders ist, einen blinden Hund zu haben.

Es ist wichtig, diese Phasen zu schildern, durch die Sie eventuell gehen, um Ihnen zu zeigen, dass Sie normal sind und dass Sie sie nicht unterdrücken müssen. Es ist menschlich, zornig und traurig zu sein, denn Verlust bedingt Trauer.

In all diesen Phasen sollten Sie aber nicht vergessen, dass es dabei nicht um Sie, sondern um Ihren Hund geht, ein Lebewesen mit Gefühlen, Stärken und Schwächen. Versuchen Sie also, Ihren Hund mit Ihren Gefühlen nicht unnötig zu belasten. Seien Sie also für Ihren besten Freund da.

Auch ein blinder Hund kann Spaß im Wasser haben

Wie der Hund damit umgeht

Wie wir Menschen sind auch Hunde individuell und haben unterschiedliche Charaktere. Aus diesem Grund gehen Sie mit Erblindung unterschiedlich um. Bei einem Hund, der von Geburt an blind ist, dürfen Sie nicht vergessen, dass er es nicht anders kennt und er somit sein Augenlicht nicht vermissen kann.

Hunde, die erblinden, müssen sich jedoch erst einmal an ihre neue Situation gewöhnen. Die einen werden länger dafür brauchen, die anderen kürzer, aber früher oder später werden sie sich alle gut zurechtfinden – vorausgesetzt, Ihr Hund kann sich auf Sie verlassen, Sie werden sozusagen sein »Blindenführmensch«. Erblindung, Blindheit und Sehbehinderung haben verschiedene Ursachen und werden individuell betrachtet unterschiedlich erlebt und bewältigt.

Einige Hunde zeigen vielleicht zunächst depressives Verhalten, andere angstaggressives Verhalten. Manche verändern sich fast gar nicht. Die Reaktion des Hundes hängt mit gewissen Faktoren zusammen:

- Wie alt ist der Hund?
- Ist der Hund gesund und wird aus diesem Gesichtspunkt im Stande sein, sich schnell umzugewöhnen oder hat er Krankheiten, die ihm die Umstellung erschweren können? Ist er beispielsweise taub?
- Wie war der Grundgehorsam vor der Erblindung? Ließ sich der Hund zuverlässig abrufen? Ein Hund, der vor seiner Erblindung nicht zuverlässig gefolgt hat, wird blind natürlich nicht besser folgen.
- Wie ist seine Persönlichkeit und seine Beziehung zu seinen Menschen? Ist der

Hund schüchtern oder selbstbewusst, eigenständig oder scheu?
- Gibt es Artgenossen in seinem unmittelbaren Umfeld, an denen er sich orientieren könnte?
- Wie viel Zeit hat der Mensch für sein erblindendes Tier?

Trolli entspannt gerne im Gras

Angst und Aggression

Viele Hunde reagieren auf Blindheit mit Angst und Aggression. Versetzen Sie sich in die Lage des Hundes. Er sieht nicht mehr und kann Gefahren zunächst nicht einschätzen. Er wird manchmal vielleicht wütend sein, weil der Plan, den er sich von seiner Umgebung machen und in seinem Kopf einprägen muss, noch nicht perfekt ist. Er wird manchmal noch gegen einen Stuhl laufen, sich schütteln und weiterlaufen. Er wird vielleicht ab und zu schlecht gelaunt sein und müde, weil diese neue Situation sehr anstrengend für ihn ist. Er kann eventuell mit Knurren reagieren, weil er sich fürchtet und nicht zurechtfindet. Das ist völlig normal. Richten Sie Ihrem Hund Plätze im Haus ein, auf denen er seine absolute Ruhe findet und trotzdem bei seinen Menschen sein kann.

Beobachten Sie Ihren Hund. Wo liegt er am liebsten? Es ist wichtig, den Hund wirklich in Ruhe zu lassen, wenn er das möchte und alle Familienmitglieder einzuweisen.

Wenn der Hund knurrt, schimpfen Sie auf keinen Fall mit ihm. Er möchte Ihnen damit nur in seiner Sprache sagen, dass er sich unwohl fühlt und er nicht möchte, dass Sie näher kommen. Bevor der Hund knurren muss, sendet er viele Beschwichtigungssignale, die zeigen, dass er sich nicht wohlfühlt. Beobachten Sie Ihren Hund, um ihm gegebenenfalls helfen zu können.

Depression

Genau wie wir Menschen können auch Hunde depressiv sein. Dies könnte sich in einer Abnahme der Aktivität und einem Interesseverlust äußern. So könnte der Hund das Interesse an Dingen verlieren, die ihm vor der Erblindung noch Spaß gemacht haben, wie zum Beispiel Spielen oder Spazierengehen.

Wenn man das Gefühl hat, einen Hund zu haben, der depressiv ist, sollte man vorsichtig mit Stimmungsübertragung sein und sich selbst genau beobachten. Unsere Hunde sind die Spiegel unserer Seele, vielleicht übertragen Sie auch nur einfach Ihre Gefühle auf Ihren Hund. Seien Sie vorsichtig damit und versuchen Sie, Ihren Hund in diesem Fall vor Ihrer eigenen Stimmung zu schützen.

Abhängigkeit

Manche Hunde können in eine Art Abhängigkeit verfallen. Sie trauen sich dann keinen Schritt mehr ohne ihre Menschen zu machen. Das kann heißen, dass sie über wenig Selbstbewusstsein verfügen. Hier ist von Bedeutung, ob das Tier schon vor seiner Erblindung wenig Selbstbewusstsein hatte oder erst seit der Erblindung. In beiden Fällen ist sehr viel Feingefühl gefragt, um dem Hund mehr Selbstvertrauen zu geben. In Folge werden Sie viele Spiele und Übungen zu diesem Thema kennenlernen.

Grundgedanken zum Thema Euthanasie

Erblindung ist niemals ein Grund, einen Hund einschläfern zu lassen, ihn zu isolieren oder anderen seelischen oder körperlichen Schaden zuzufügen!

Ich habe schon des Öfteren gehört, dass es besser sei, einen blinden Hund einzuschläfern.

Diese Behauptung kommt immer nur von Menschen, die selbst keinen blinden Hund haben, noch nie einen zu Gesicht bekommen haben oder sich selbst vielleicht nicht vorstellen können, ohne Gesichtssinn zu leben. Dabei ist es doch nichts anderes als bei einem blinden Menschen.

Ich habe gehört, es sei besser einen blinden Hund einzuschläfern, weil er angeblich eine schlechtere Lebensqualität habe als ein sehender Hund. Das stimmt natürlich nicht. Lebensqualität hängt nicht damit zusammen, was ein Hund sehen oder hören kann. Lebensqualität hängt von ganz anderen Dingen ab – zum Beispiel davon, wie der Hund behandelt wird oder wie er lebt. Außerdem weiß ein blinder Hund nicht, dass er blind ist. Ein Hund, der blind zur Welt kommt, kann nicht vermissen, was er nicht kennt. Ein Hund, der erblindet, muss sich natürlich zuerst mit seiner neuen Situation auseinandersetzen, aber nach einiger Zeit der Umstellung, dürfte das kein Problem sein.

Ich habe gehört, es sei besser einen blinden Hund einzuschläfern, weil er dauernd Schmerzen haben wird, da er immer gegen irgendwelche Gegenstände laufen wird. Das ist natürlich Blödsinn. Es wird vermutlich nicht immer zu vermeiden sein, dass der Hund ab und zu gegen irgendetwas läuft, aber in seiner gewohnten Umgebung wird ihm dies nicht passieren. Außerdem ist der Mensch das Augenlicht des Hundes und dafür verantwortlich, wie der Hund geführt wird. Wird der Hund richtig geführt, wird er sich auch selten stoßen.

Ich habe gehört, es sei besser einen blinden Hund einzuschläfern, weil er mit anderen Hunden unverträglich sein würde. Schließlich könne er deren Körpersprache nicht lesen.

Auch hier ist wieder die Kompetenz des Hundehalters gefragt. Es ist richtig, dass der Hund die Körpersprache seines Gegenübers nicht lesen kann, aber deshalb muss er nicht gleich unverträglich mit Artgenossen werden. Man kann dem Hund über Rituale und Signalwörter beibringen, was ihn in einer bestimmten Situation erwartet, also beispielsweise, dass er nun auf einen anderen Hund treffen wird. Wie Sie das machen, erfahren Sie auf den folgenden Seiten.

Ich habe gehört, ein blinder Hund sei unerziehbar und unkontrollierbar und könne niemals ohne Leine laufen. Auch das stimmt natürlich nicht. Mein blinder Hund Elliott folgt um einiges besser als seine Kollegen, was vermutlich daran liegt, dass er sich stark an mir orientiert. Außerdem ist sein Gehör- und Geruchssinn geschärft. Blinde Hunde wissen ganz genau, wer sich gerade wo befindet.

Natürlich können blinde Hunde ohne Leine laufen. Man muss sie nur richtig führen und vorwarnen, falls ein Hindernis im Weg liegt. In der Stadt sollte sowieso kein Hund ohne Leine laufen, da das Risiko viel zu groß ist, dass er über die Straße läuft. Hunde sind nun einmal keine Maschinen.

Es gibt keine Gründe, ein blindes Tier einschläfern zu lassen. Notwendig sind eher Aufklärungsarbeit und kompetente Trainer/innen, die wissen, was zu tun ist, wenn ein blinder Hund zu ihnen ins Training kommt. Es ist aber natürlich auch nicht richtig, dass ein blinder Hund die gleichen Anforderungen an einen Halter stellt wie ein sehender Hund. Man muss anders mit ihm arbeiten und ihn entsprechend durch seine Umwelt führen. Doch selbst die Erziehung eines sehenden Hundes ist nicht immer einfach.

Es kann sein, dass Sie auf wenig Verständnis in Ihrer Umwelt stoßen werden. Überlegen Sie sich, wie Sie damit zurechtkommen und vor allem, wie Sie reagieren werden.

Der Gesichtssinn

Man unterscheidet zwischen sechs Sinnessystemen: Der Gefühlssinn, der Geschmackssinn, der Geruchssinn, der Gesichtssinn, der Gehörsinn und der Gleichgewichtssinn. Prinzipiell sind Anlage und Bau der Sinnesorgane bei den einzelnen Tierarten im weitesten Sinn gleich, die Unterschiede finden sich in der Leistungsfähigkeit der Sinne und in den Empfindungen, die der Anpassung der einzelnen Tierart an ihre Umwelt entsprechen. So ist der Mensch ein Augentier, während der Hund ein Nasentier ist.

Das Riechfeld eines Hundes ist ungefähr 15 Mal so groß wie das des Menschen. Er hat ungefähr 220 Millionen Rezeptorzellen, während der Mensch etwa 5 Millionen hat. Der Einsatz der Sinne beim Hund entspricht aber nicht ganz dieser immensen Leistungsfähigkeit. Bei der Nahrungsbeschaffung in der Natur ist es wichtig, dass das Tier eine maximale Ausbeute an Nährstoffen bei einem minimalen Energieaufwand hat. Nach Nahrung wird mit Augen, Ohren und Nase gesucht, und obwohl der Hund ein Nasentier ist, stehen dabei an erster Stelle die Augen, an zweiter Stelle die Ohren und erst an dritter Stelle die Nase. Das liegt daran, dass das Einsetzen der Nase sehr anstrengend für den Hund ist und er damit sehr viel Energie verbraucht. Ein sehender Hund wird also immer versuchen, eine ihm gestellte Aufgabe mit den Augen zu lösen.

Das Auge

Durch Pupille und Linse gelangen Lichtstrahlen ins Auge, wo sich lichtempfindliche Rezeptoren befinden, welche die Nerven dazu anregen, Signale an das Gehirn zu senden. Die Linse bündelt die Lichtstrahlen und führt zu einem klaren Abbild des Gesehenen auf der Netzhaut, die sich an der Rückwand des Auges befindet. Diese Netzhaut besteht aus lichtempfindlichen Rezeptoren und dünnen Nervenzellen, die den Lichteindruck in das Gehirn weiterleiten. Die Photorezeptoren reagieren auf das Licht und schicken Signale über die dünnen Nervenfasern zum Sehnerv, der von der Rückwand des Auges in das Gehirn führt.

Wie ein sehender Hund die Welt sieht

Früher hat man angenommen, Hunde seien farbenblind und könnten nur schwarzweiß sehen. Inzwischen weiß man jedoch, dass dem nicht so ist und dass Hunde sehr wohl Farben unterscheiden können, allerdings Rot-Grün-Blind sind.

Jedes Lebewesen hat das visuelle System entwickelt, das seinem Überleben am

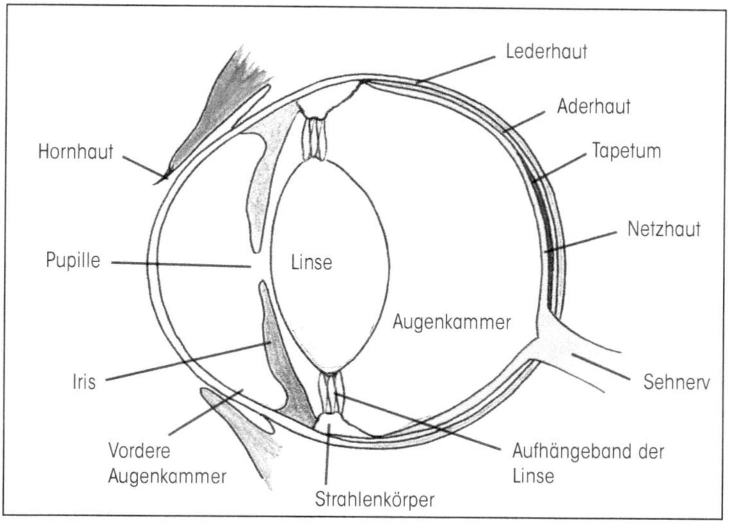

Struktur des Auges

Besten dient. Bevor der Hund domestiziert wurde, war er überwiegend am Morgen und in der Abenddämmerung bei der Beutejagd aktiv. Seine Augen sind also optimal an diese Tageszeiten angepasst. Die Netzhaut des Auges enthält Stäbchen und Zapfen. Stäbchen vermitteln nur Hell-Dunkel-Eindrücke, sind aber sehr lichtempfindlich. Zapfen hingegen dienen dem Sehen bei mittleren bis hellen Lichtverhältnissen und dem Farbensehen. Bei Hunden befinden sich auf der Netzhaut besonders viele Stäbchen, während das menschliche Auge in etwa fünfmal so viele Zapfen enthält. Die geringe Anzahl der Zapfen in der Netzhaut des Hundes also lässt darauf schließen, dass sein Auge eher auf Lichtempfindlichkeit als auf Farbensehen spezialisiert ist.

Die Sehschärfe des Menschen ist ungefähr sechs Mal besser als die des Hundes. Interessant ist, dass Hunde Objekte auf Distanz kaum erkennen können, wenn sich diese still verhalten. Feinste Bewegungen auf große Distanz können sie aber sehr wohl wahrnehmen.

Sehschärfe wird durch die Größe der Pupille, der Linse, der Hornhaut und durch die Anordnung der Zapfen und Stäbchen beeinflusst. Die Pupillenweite verändert sich je nach Intensität des Lichteinfalls. Bei schlechten Lichtverhältnissen ist der Hund dem Menschen überlegen, denn seine Pupille ist größer als die menschliche, was die Sicht bei geringem Licht begünstigt. Das Stäbchensystem erreicht jedoch keine gute Sehschärfe. An der Rückwand des Hundeauges befindet sich eine lichtreflektierende Schicht (Tapetum lucidum). So kann der Hund auch bei geringer Lichtintensität noch

Formen und Bewegungen wahrnehmen. Das Sehvermögen des Hundes ist besonders auf Bewegungen und schlechte Lichtverhältnisse spezialisiert, was auch für sein Überleben als Jäger in der Natur notwendig ist.

Hilfreich bei der Jagd ist außerdem das weite Gesichtsfeld des Hundes, das je nach Rasse einen Winkel von 240 bis 270 Grad umfasst, während das des Menschen nur 200 Grad erreicht. Dafür ist der Bereich, der von beiden Augen gesehen wird (das sogenannte binokulare Gesichtsfeld) kleiner. Dieser Bereich ist für die räumliche Tiefenwahrnehmung (Stereosehen) wichtig, worin der Mensch dem Hund überlegen ist.

Wir Menschen sehen viel mehr Farbe und Detail als unsere Hunde, was aber nicht bedeutet, dass der Hund benachteiligt ist. Der Hund hat, wie alle Tiere, das Sehvermögen entwickelt, das seinem Überleben in der Natur am besten dient.

Erblindung

Auf welchem Weg ihr Hund erblindet, sagt viel darüber aus, wie er sich zurechtfinden wird. Hunde, die von Geburt an blind sind, kennen es nicht anders und finden sich in der Regel sehr gut zurecht. Was man nicht kennt, kann man schließlich nicht vermissen.

Wenn man von Blindheit spricht, meint man eine Sehfähigkeit von maximal zwei Prozent oder 1/50. Alles was darüber ist, bezeichnet eine starke Sehbehinderung.

Tiere, die plötzlich erblinden, haben es am schwersten, da sie keine Zeit haben, sich umzugewöhnen. Es gibt einige Krankheiten, bei denen die Erblindung ziemlich rasch passiert. Rechnen Sie mit anfänglicher starker Verunsicherung.

Allmähliche Erblindung impliziert zumindest, dass sich das Tier an den Verlust langsam gewöhnen kann.

Kurzblindheit bedeutet, dass das Tier seine Sicht für eine gewisse Zeit verliert. Das kann sehr irritierend sein und manche Hunde erlangen auch nicht das gesamte Sehvermögen zurück. Wenn ein Hund sehr gestresst ist (durch seine Umgebung, Lebensumstände usw.) kann es sein, dass er schlechter sieht, als er organisch eigentlich fähig wäre. Hier ist es wichtig, dass der Hund die Möglichkeit hat, zur Ruhe zu kommen, damit sich seine Augen erholen können.

Nachtblind sind Hunde, die unter bestimmten Lichtbedingungen nicht sehen können. Das sind mehr Hunde, als man annehmen möchte.

Blindheit kann auch eine Altersbegleiterscheinung sein, man spricht dann von grauem Star oder Katarakt.

Augenuntersuchung und Krankheitsbilder

Viele Hundebesitzer haben wenig Hintergrundwissen über das Befinden ihres Hundes. Oft können sie die Krankheit ihres Tieres nicht beschreiben und reagieren verwirrt und überfordert. Sie vertrauen dem Arzt und legen ihrer beider Schicksal in seine Hände, ohne nachzufragen und zu hinterfragen. Über die Krankheit des Hundes wissen manche Besitzer auch nicht so recht Bescheid.

Es ist völlig normal, dass man nach der Diagnose fassungslos ist und das Gesagte nicht mehr vollständig zum Empfänger durchkommt. Psychologen haben festgestellt, dass Patienten 80 Prozent der Information, die sie in der Arztpraxis bekommen, vergessen.

Es ist wichtig, seine Hemmungen zu verlieren und nachzufragen. Holen Sie sich eine weitere Meinung ein, wenn Sie sich nicht sicher fühlen. Sie sind hier durchaus gut beraten, wenn Sie sich von Ihrem Bauchgefühl leiten lassen. Scheuen Sie sich nicht, noch weitere Male in die Tierklinik zu fahren und bestehen Sie darauf, dass man sich Zeit für Sie nimmt. Schreiben Sie sich die Fragen, die Ihnen im Alltag einfallen, auf und nehmen Sie sie mit, wenn sie das nächste Mal zu Ihrem Tierarzt fahren. Scheuen Sie sich auch nicht, in der Klinik mitzuschreiben und geben Sie erst Ruhe, wenn Sie sicher sind, alles verstanden zu haben.

Augenuntersuchung

Obwohl Hunde Nasentiere sind, ist ihr Gesichtssinn, wie bereits besprochen, überaus wichtig.

Der Verlust ihres Sehvermögens bedeutet für sie, mit der Umwelt nur noch eingeschränkt kommunizieren zu können. Der Zustand des Auges sollte deshalb bei jeder Routineuntersuchung überprüft werden. Früherkennung und Vorbeugung sind die wichtigsten Maßnahmen! Viele Augenerkrankungen werden erst dann dem Tierarzt vorgestellt, wenn bereits irreversible Schäden entstanden sind. Die Augenuntersuchung sollte also nicht nur auf Wunsch des Besitzers oder aufgrund einer »Augenanamnese« erfolgen, sondern sollte ein integraler Bestandteil der klinischen Untersuchung sein. Sorgen Sie dafür, dass Ihr Tierarzt Ihren Hund sorgfältig untersucht und dabei den Zustand des Auges kontrolliert.

Falls etwas bei Ihrem Hund auf die Verminderung der Sehkraft hindeutet, sollte die Überprüfung der Sehfähigkeit an den Anfang der Untersuchung gestellt werden. Der Hund sieht unter Stress, wie bereits erwähnt, schlechter und ein Besuch beim Tierarzt bedeutet für die meisten Hunde sehr viel Stress. Es ist also ratsam, mit der Augenuntersuchung zu beginnen.

Da subjektive Sehtests nicht angewendet werden können, müssen die wenigen objektiven Untersuchungsmethoden zur Beurteilung des Sehvermögens sorgfältig geplant werden. Bei Menschen kann man das Gesichtsfeld leichter ausmessen, da sie sagen können, was sie sehen und wie viel sie sehen. Beim Hund ist das anders. Bei einem gesunden Hundeauge zieht sich bei Lichteinfall die Pupille zusammen, so dass die Anteile im Bereich des hinteren Auges (Linse, Netzhaut und Glaskörper) nicht mehr ausreichend beurteilt werden können. Deshalb bekommt der Hund vor der Untersuchung Augentropfen (zum Beispiel Mydriaticum), welche die Pupille erweitern. Bis die Tropfen wirken, dauert es in der Regel 10 bis 20 Minuten, dann werden die Augen untersucht.

Eine erste Augenuntersuchung findet bei Licht statt, das heißt, dass die Pupillenweite und -reaktion beider Augen auf Licht überprüft wird, um den durch den wiederholten Lichteinfall provozierten Pupillenreflex zu unterbinden. Danach folgt die Detailuntersuchung eines Auges. Prinzipiell sollte das gesund erscheinende Auge zuerst untersucht werden. Die Untersuchung des inneren Auges, also die zweite Untersuchung, findet in abgedunkelter Umgebung statt, damit einfallende Lichtreflexe im Auge den Untersucher nicht stören.

Methoden

Ophthalmoskopie

Die Ophthalmoskopie ist die Untersuchung des Augenhintergrundes, bei der man die innere Oberfläche des Augapfels betrachten kann. Mit Hilfe von Lupen und Lichtquellen sieht man durch die Pupille in das innere Auge. Man unterscheidet die direkte und indirekte Ophthalmoskopie: Bei der direkten wird das sogenannte Ophthalmoskop sehr nahe an das Patientenauge herangeführt, und der Arzt sieht in 16-facher Vergrößerung direkt hinein. Es kann jedoch nur ein kleiner Ausschnitt betrachtet werden. Bei der indirekten Ophthalmoskopie wird aus einer Entfernung von ungefähr 50 cm mit einer Lichtquelle der Augenhintergrund betrachtet. Dem Hund wird dabei in einem Abstand von 2 bis 10 cm eine Lupe vor das Auge gehalten.

Spaltlampenuntersuchung (Biomikroskopie)

Die Spaltlampenuntersuchung ist die mikroskopische Untersuchung der transparenten Strukturen des Auges (Kornea, Vorderkammer, Linse und Glaskörper). Es können auch Trübungen und Auflagerungen festgestellt werden. Man benötigt dafür ein Mikroskop, an dem eine Spaltlampe befestigt wird. Diese sendet ein schmales, spaltförmiges Lichtbündel aus und ermöglicht so einen optischen Schnitt durch die transparenten Abschnitte des Augengewebes.

Tonometrie

Bei der Tonometrie wird der Augeninnendruck, wie beispielsweise bei einem Glaukom, gemessen. Außerdem lassen sich damit Entzündungen im Inneren des Auges erfassen. Der normale Augeninnendruck liegt meist zwischen 10 - 23 mmHg.

Sonographie

Eine Sonographie ist eine Ultraschalluntersuchung des Auges. Das Auge wird mit Augentropfen oberflächlich betäubt und eine Ultraschallsonde wird direkt auf das Auge aufgesetzt. Die dann entstehenden Bilder werden auf einem Monitor sichtbar.

Zusätzlich werden folgende Untersuchungen beim Hund vorgenommen:

Hindernis-Parcours

Der Hund wird mit wechselseitig verbundenen Augen durch einen Raum mit stationären Hindernissen (zum Beispiel ein knapp über dem Boden gehaltener Besenstiel) geführt oder der freigelassene Hund wird diesseits des Hindernisses von seinem Besitzer gerufen. Ich würde allerdings von zweitem absehen, da ich es als Vertrauensbruch empfinde. Stellen Sie sich die Situation vor, in der Sie den Hund rufen und er kurz bevor er bei Ihnen ankommt über ein Hindernis stolpert. Es sollte genügen, einen Hund in einem Raum, in dem er noch nie war, sorgfältig zu beobachten, um zu sehen, wie er mit Hindernissen umgeht. Achten Sie darauf, ob Ihr Hund das Hindernis um einiges höher übersteigt als notwendig wäre.

Wattebausch-Test

Ein nicht zu großer Wattebausch wird von oben her vor dem Hund fallen gelassen. Der sehende Hund wird dem langsam vor seinem Auge herabschwebenden Wattebausch (geräuschlos, geruchlos, keine Luftbewegung) dann nachblicken, wenn er zuvor weder mit dem Wattebausch, noch mit dem Testvorgang konfrontiert wurde. Wiederholungen des Tests stoßen meist auf zunehmendes Desinteresse.

Optische Tischkantenprobe

Der hochgehobene und in Richtung einer Tischkante bewegte Hund wird bei Annäherung versuchen, die Vorder- oder Hinterpfoten aufzusetzen. Ich empfinde dies auch als eine kritisch zu betrachtende Methode, vor allem wenn der Hund in seinem bisherigen Leben gelernt hat, dass er wo draufgestellt wird, sobald er hochgehoben wird. Er wird also damit rechnen und reagieren.

Drohreflex

Als Drohreflex werden der Lidschluss und das eventuelle Seitwärtsrücken des Kopfes bei rasch Richtung Auge geführter Handbewegung bezeichnet. Er hat meist nur geringe klinisch-diagnostische Relevanz.

Häufige Krankheitsbilder

Folgend finden Sie einige Krankheitsbilder die Erblindung betreffend. Beachten Sie, dass diese Liste keineswegs vollständig ist, sondern nur einen Überblick verschaffen soll. Des Weiteren ersetzt sie nicht den Gang zu Ihrem Tierarzt!

PRA (Progressive Retinaatrophie)

Die progressive Retinaatrophie ist ein langsam fortschreitendes Absterben der Netzhaut. Man unterscheidet eine Frühform, bei der die Hunde bereits im Alter von 12 Monaten erblinden und eine Spätform, bei der erste Sehstörungen im Alter von 3 bis 6 Jahren auftreten. Die zweite Form ist bei uns am häufigsten und wird rezessiv vererbt. Das heißt, dass Hunde mit PRA durchaus gesunde Eltern und Geschwister haben können. Die Eltern sind in diesem Fall nur Träger der Anlage.

Zu Beginn der Erkrankung fällt dem Besitzer auf, dass die Pupillen des Hundes größer sind und in der Nacht auffallend leuchten. Meistens zeigt der Hund zu diesem Zeitpunkt bereits eine mehr oder weniger deutliche Nachtblindheit. Oft weigern sich die Hunde, in der Dämmerung oder nachts nach draußen zu gehen, oder sie stoßen sich an Gegenständen, die sie tagsüber noch sehen können. Diese Nachtblindheit verschlimmert sich zusehends. Später ist auch das Sehen am Tage beeinträchtigt, bis die Hunde schließlich vollständig erblinden. Diese fortschreitende Netzhautdegeneration ist nicht schmerzhaft und gibt dem Hund ausreichend Zeit, sich an sein Handicap zu gewöhnen. Oft kompensieren betroffene Hunde ihre Blindheit so erfolgreich, dass sie erst auffällt, wenn der Hund in eine ihm unbekannte Umgebung gebracht wird.

Eine Behandlung ist nicht möglich und auch der Verlauf der Krankheit lässt sich nicht beeinflussen. Besonders betroffen sind Kleinpudel, Englische Cocker Spaniel und Labrador Retriever. Die Erkrankung entwickelt sich bei diesen Hunden erst nach der Fortpflanzungsreife.

PED (Pigmentepitheldystrophie)

PED wurde früher Zentrale progressive Retinaathrophie (CPRA) genannt und aus ätiologischer und klinischer Sicht umbenannt.

Ruhende Objekte können schlechter erkannt werden als sich bewegende (Verlust des zentralen Sehens). Die Erblindung erfolgt langsam und ausnahmsweise im hohen Alter. Die Therapie beschränkt sich auf die Behebung schmerzhafter Folgezustände, wie zum Beispiel ein Glaukom.

Besonders betroffen von dieser Sehschwäche sind Labrador- und Golden Retriever, Englische Cocker und Springer Spaniel, Welsh Corgis, Border Collies, Collies, Shelties und Briards.

Retinadysplasie (RD)

RD ist eine vielgestaltige, durch Faltenbildung der Netzhaut gekennzeichnete Erkrankung. Sie ist angeboren oder erblich bedingt. Die Krankheit ist schwer zu erkennen, da sie in einer klinisch unauffälligen Form auftritt. Man stellt weiß erscheinende Netzhautfalten fest. Betroffen sind unter anderem Collies, Amerikanische Cocker Spaniel, Beagles, Labrador Retriever, Rottweiler, Yorkshire Terrier, Cavalier King Charles Spaniel, Englische Springer Spaniel sowie Deutsche Schäferhunde.

Neuroretinitis (SARD)

Neuroretinitis ist eine Netzhauterkrankung und betrifft zumeist beide Augen. Sie führt zu einer plötzlichen Erblindung. Sie kann als Folge einer Infektionskrankheit, wie zum Beispiel Staupe, entstehen. Meistens ist sie aber eine abnorme Immunreaktion ohne erkennbare Ursache.

SARD ist eine plötzlich erworbene Netzhautdegeneration. Sie ist eine innerhalb eines Tages bis weniger Wochen eintretende Erblindung und wird besonders bei Dackeln beobachtet.

Glaukom (Grüner Star)

Unter dem Begriff Glaukom oder grüner Star wird ein krankhafter Anstieg des Augeninnendrucks verstanden. Der Druckanstieg entsteht, wenn der Abfluss der im Auge gebildeten Flüssigkeit (Kammerwasser) behindert wird. Es verursacht häufig starke

Schmerzen und schädigt das Auge und vor allem die Zellen der Netzhaut und den Sehnerv. Der normale Augeninnendruck liegt beim Hund etwa zwischen 10 - 23 mmHg. Beim Tier wird dieser unter Lokalanästhesie (Augentropfen) mit einem Tonometer gemessen. Das Glaukom ist eine der häufigsten Ursachen für eine Erblindung beim Hund. Die Krankheit kann spontan auftreten (Primärglaukom) oder entwickelt sich in Folge einer Augenerkrankung (Sekundärglaukom). Eine erbliche Rassedisposition besteht unter anderem beim Amerikanischen Cocker Spaniel, Basset, Bouvier des Flandres, Entlebucher Sennenhund, Flat Coated Retriever und Siberian Husky.

Die Behandlung erfolgt in erster Linie mit Medikamenten, die den Augeninnendruck senken und die Schmerzen lindern. Bringt das längerfristig keinen Erfolg, kann je nach Primärursache des Glaukoms eine Operation notwendig sein. Die Erfolgschancen zum Erhalt der Sehkraft hängen zum einen von der Art der Ursache ab, zum anderen davon, wie frühzeitig die Therapie einsetzt. Wichtig zu wissen: Der Hund sollte sofort ein Brustgeschirr anstelle des Halsbandes bekommen, da der Zug am Halsband nachweislich zum Anstieg des Augeninnendrucks führt.

Katarakt (Grauer Star)

Ein Katarakt ist eine Trübung der Linse, die entweder die gesamte Linse oder nur einzelne Linsenabschnitte betrifft. Sie stellt auch eine häufige Ursache für die Erblindung des Hundes dar. Die Linse bewirkt eine Lichtbrechung und ermöglicht eine Fokussierung von Objekten auf der Netzhaut. Bei einer starken Trübung der Linse wird der Lichteinfall auf die Netzhaut verhindert und das Tier erblindet. Katarakte entstehen aufgrund von Gendefekten, im Alter, als Folge von Entzündungen, Tumoren, Diabetes oder Netzhauterkrankungen. Besonders betroffen sind unter anderem Pudel, Cocker Spaniel, Yorkshire Terrier, Beagle, Kleine Münsterländer und West Highland White Terrier.

Es besteht die Möglichkeit einer chirurgischen Entfernung der Linse. Nach einem ca. 5 mm langen Schnitt in der Hornhaut wird das Linsenmaterial durch Ultraschallwellen zertrümmert und direkt abgesaugt. Katarakt-Operationen sind nicht immer erfolgreich. Die Komplikationsrate ist umso größer, desto länger das Katarakt schon besteht.

Keratoconjunctivitis sicca (KCS) oder »trockenes Auge«

KCS ist die Folge einer Erkrankung der Tränendrüsen, die mit einer verminderten Tränenproduktion einhergeht. Der Tränenfilm wird mangelhaft und es kommt zu Austrocknungserscheinungen. Bleibt die Erkrankung unbehandelt, kann dies zum Erblinden oder sogar zum Verlust des Auges führen.

Die Krankheit wird durch einen schnellen und einfachen Test (Schirmer-Tränen-

Test), der die Tränenproduktion misst, nachgewiesen.

Eine Veranlagung zu dieser Krankheit besteht unter anderem bei West Highland White Terrier, Bulldogge, Cocker Spaniel, Beagle, Yorkshire Terrier und Lhasa Apso. Die Krankheit wird häufiger bei weiblichen und älteren Tieren beobachtet.

Die Behandlung erfolgt in erster Linie medikamentös, in Einzelfällen kann eine Operation in Betracht gezogen werden.

Schäferhund-Keratitis (Keratitis superfizialis chronica)

Die Schäferhund-Keratitis ist eine Hornhauterkrankung. Sie wird so genannt, weil häufig Schäferhunde und deren Mischlinge betroffen sind.

Die Hornhaut ist der dursichtige, äußere Abschnitt des Auges. Unter Normalbedingungen ist sie durchsichtig, ca. 0,5 - 1 mm dick und besteht aus vier verschiedenen Schichten. Der Begriff Keratitis umfasst Hornhautentzündungen, die in Folge von Verletzungen oder entzündlichen Reizen innerhalb oder außerhalb des Augapfels entstehen. Dazu gehören Flüssigkeitsansammlungen in der Hornhaut, das Einwachsen von Blutgefäßen in die ansonsten gefäßlose Hornhaut und das Auftreten von Pigmenteinlagerungen.

Bei der Schäferhund-Keratitis kommt es zu einem Einwachsen von Blutgefäßen und Pigmenten in die Hornhaut. Die ersten Symptome sind rot-weiße oder glänzende Auflagerungen am äußeren Rand der Hornhaut, die sich dann weiter ausbreiten. Man geht davon aus, dass es sich bei der Krankheit um eine allergische Reaktion unbekannter Ursache gegen körpereigenes Gewebe, also eine Auto-Immunerkrankung, handelt.

Die Krankheit tritt schubweise auf und betrifft meistens beide Augen. Meist tritt sie zwischen dem dritten und fünften Lebensjahr erstmalig in Erscheinung. Sie führt zur vollständigen Erblindung des Hundes. Um weitere Schübe zu verhindern bzw. abzuschwächen, sollten betroffene Hunde unbedingt eine UV-Schutzbrille tragen, da direkte Sonneneinstrahlung weitere akute Schübe verursacht.

Regenbogen- und Gefäßhautentzündung (Iritis/Uveitis)

Unter der äußeren Hülle des Augapfels liegt eine gefäßreiche Schicht (Uveitis). Die Regenbogenhaut (Iris) ist für die charakteristische Augenfarbe verantwortlich. Die Entzündung der Iris und der Uveitis ist eine für das Auge bedrohliche Krankheit, die rasch behandelt werden sollte, um bleibende Schäden zu verhindern. Diese Entzündungen können verschiedene Ursachen haben: beispielsweise Gewalteinwirkungen von außen, Entzündungen in der Umgebung des Auges oder irgendwo im Körper, Parasitenbefall, Infektionskrankheiten, Stoffwechselstörungen oder Vergiftungen.

CEA (Collie Eye Anomalie/Collie-Augenanomalie)

Diese erblich bedingte Krankheit betrifft vor allem Collies und Shelties, aber auch immer mehr alle verwandten Rassen wie zum Beispiel Australian Shepherds und Border Collies. Es handelt sich dabei um eine Anomalie der Netzhaut, die in unterschiedlichen Graden auftritt. Manche Hunde sind durch die Anomalie minimal beeinträchtigt, während andere eine vollständige Netzhautablösung oder Einblutung in das Auge erfahren können, die bis zur Erblindung führen können. CEA verschlimmert sich im Laufe der Zeit nicht.

Welpen gefährdeter Rassen sollten im Alter von 6 - 8 Wochen einem speziellen Augentest unterzogen werden, um die Anomalie nachzuweisen oder auszuschließen. Mit betroffenen Tieren darf nicht weiter gezüchtet werden. Seit Kurzem gibt es auch einen Gentest auf die CEA, um Träger der Erkrankung sicher von der Zucht ausschließen zu können.

Entropium

Als Entropium bezeichnet man die Einwärtsstülpung des Lidrandes. Der Lidrand ist ein Schutz des Auges, der auch die Tränenflüssigkeit im Auge gleichmäßig verteilt. Durch das Einrollen des Lidrandes reibt das Fell am Auge und die Tränenflüssigkeit wird beeinträchtigt. Das führt zu Schmerzen oder Entzündungen bis hin zu schwerwiegenden Sehstörungen. Durch die starke Reizung kann sich ein Hornhautgeschwür entwickeln, das unter Umständen den Verlust des Auges bedeuten kann. Ein Entropium betrifft vermehrt Rassen wie zum Beispiel den Shar Pei, den Chow-Chow, den Labrador Retriever oder die Englische Bulldogge. Die Behandlung erfolgt operativ.

Ptosis

Auch die Ptosis ist eine Augenliderkrankung, bei der das Lid über das Auge hängt. Dadurch kann das Sehvermögen des Hundes eingeschränkt sein. Eine Ptosis kann unter anderem Molosser, Cocker Spaniel und Shar Pei betreffen.

Trolli

Trolli lebt seit fünf Jahren bei seiner Besitzerin. Er wurde damals auf fünf bis sieben Jahre geschätzt. Er ist ein Dalmatiner und wurde von »Dalmatiner-in-Not« Österreich vermittelt, die ihn aus dem Tierheim St. Margarethen im Burgenland »befreiten«. Dort lebte er bereits zweieinhalb Jahre im Tierheim in einem Einzelzwinger, weil er als aggressiv galt.

Trolli ist genetisch bedingt und angeblich von Geburt an zu 100 % blind. Er hat ein Glaukom (Grüner Star), des Weiteren hat er in den letzten Jahren an einem Auge auch Grauen Star bekommen. So wie es aussieht, bereitet ihm der Grüne Star (erhöhter Augeninnendruck) Schmerzen. Er hat auch leicht vergrößerte Augäpfel. Aus diesem Grund wurde eine Zeit lang die Entfernung seiner Augäpfel in Erwägung gezogen, um Schmerzfreiheit zu garantieren. Für Trolli ist es sehr wichtig, eine gewisse Routine zu haben, denn er neigt zu starkem Stress.

Trolli läuft oft ohne Leine. Auf gewohntem Gebiet ist er sehr selbstbewusst, und auch wenn manchmal an bestimmten Stellen Hindernisse stehen, die dort nicht immer sind, findet er sich zurecht. Ab und zu stößt er sich irgendwo, das ist aber nur dann der Fall, wenn die Besitzerin nicht aufmerksam genug war. Er kennt das Kommando »aufpassen« und wird dann langsamer und umsichtiger. In der Wohnung kennt er sich sehr gut aus, wenn er aber aufgeregt ist, beispielsweise wenn jemand zu Besuch kommt, kann es schon passieren, dass er wo anstößt. Im Freilauf bleibt er immer in der Nähe der Besitzerin. Wenn er zu weit weg geht, wird er gerufen. Manchmal klimpert die Besitzerin mit dem Schlüsselbund, damit der Hund genau weiß, wo sie ist. Wenn starker Wind geht, weiß er manchmal nicht ganz genau, wo sie ist, verfehlt sie aber nur um drei bis vier Meter, wenn sie ihn ruft.

Zu Menschen ist er sehr lieb. Er ist sehr anhänglich und schmusebedürftig. Fremde Hunde sind leider ein großes Problem. Beim Spazierengehen werden Bogen gelaufen und ausgewichen, da es ihn sehr aufregt, auf fremde Hunde zu treffen. Er neigt dazu, aus Stress in die Luft zu schnappen. Wenn sich der andere Hund ruhig abschnuppern lässt und sitzen bleibt, ist es kein Problem, aber leider missverstehen ihn andere Hunde oft. Siqua, der zweite Hund in der Familie, hat auch sehr lange gebraucht, um Trollis Körpersprache zu verstehen.

Beschwichtigungssignale zeigt er wenige. Er knurrt meistens gleich, wenn ihm etwas nicht passt. Gähnen und Fang lecken wendet er sehr selten an.

Wenn er aufgeregt ist, dreht er sich im Kreis und winselt, zum Beispiel dann, wenn zum Spaziergang aufgebrochen wird oder wenn es um Futter geht.

Passanten ignorieren ihn entweder oder sie fragen, warum er immer so winselt, wenn sie zum Spaziergang aufbrechen. Die übliche Reaktion ist dann Mitleid. Bisher hat erst ein einziger Mann gefragt, warum er denn nicht euthanasiert würde. Trollis Lieblingsspiel ist Fangen mit Frauchen.

Letzten Herbst ging es Trolli sehr schlecht. Er hatte eine akute Lebervergiftung von einem Ungezieferhalsband, die ihm beinahe das Leben gekostet hätte. Seine Leberwerte waren so schlecht, dass ihn der Tierarzt in der Klinik sofort einschläfern wollte. Seine Besitzerin hat aber auf ihr Bauchgefühl gehört und eine weitere Meinung eingeholt. Eine homöopathische Tierärztin konnte ihn retten. Einmal mehr können Sie sehen, wie wichtig es ist, mehrere Meinungen einzuholen. Nun, da Trolli doch schon ein alter Herr ist und auch noch eine Herzklappeninsuffizienz dazu bekommen hat, hat den beiden diese Geschichte ein neues, zweites gemeinsames Leben geschenkt. Seine Besitzerin genießt die Zeit mit ihm viel bewusster und ist für jeden Moment dankbar, den sie mit ihm erleben darf. Trolli hat bestimmt noch einige schöne und aufregende Jahre vor sich.

Ein blinder Hund kommt ins Haus

Sozialisierung

Bei der Erziehung eines Hundes ist es besonders wichtig, ihm beizubringen, wie er mit den normalen Anforderungen des Alltags fertig wird. Das heißt, der Hund soll bereits als Welpe an Menschen beider Geschlechter und jeden Alters und an verschiedene Hunde im Haushalt und auf Spaziergängen gewöhnt werden.

Dieser Prozess ist für alle Welpen wichtig, noch wichtiger ist er aber für einen Hund, der nicht sehen kann. Gewöhnen Sie Ihren Hund also rechtzeitig an die verschiedensten Reize, ohne ihn dabei zu überfordern. Wenn Sie dies mit viel Zeit, Ruhe und Geduld machen, werden Sie später einen Hund haben, der mit neuen Situationen leichter zurechtkommt.

Die Sozialisierung mit Menschen sollte im Alter von zwei Wochen beginnen, indem der Hund vorsichtig hochgehoben und sanft angefasst wird. Ein Hund, der bis zum Alter von 12 Wochen nicht ausreichend sozialisiert wurde, kann in dieser Hinsicht Defizite entwickeln, die nur noch schwer aufzuholen sind. Das Gleiche gilt für andere Hunde. Gewöhnen Sie Ihren Hund rechtzeitig an andere Hunde und zeigen Sie ihm, dass seine Artgenossen etwas ganz Tolles sind, damit er später keine Angst vor ihnen entwickelt.

Sorgen Sie dafür, dass Ihr blinder Hund ausreichend positiven Kontakt zu seinen Artgenossen bekommt

Wenn ein blinder Hund oder ein blinder Welpe zu Ihnen nach Hause kommt, gewöhnen Sie ihn zunächst nur an die Menschen, mit denen er täglich zu tun haben wird, also Familienmitglieder. Es ist wichtig, den Hund nicht zu überfordern: Veranstalten Sie keine Party, zu der Sie alle Verwandte und Freunde einladen, damit alle auf einmal Ihr neues Familienmitglied kennenlernen können. Das würde Ihren Hund überfordern und er würde diese Situation nicht als positiv empfinden.

Wenn sich Ihr Hund an Sie und Ihre Familie gewöhnt hat und Ihnen vertraut, laden Sie Verwandte und Freunde ein und gewöhnen Sie den Hund so an fremde Menschen. Laden Sie auch Kinder und ältere Menschen ein, damit sich Ihr blinder Hund an alle möglichen Menschen gewöhnen kann. Beobachten Sie ihren Hund dabei gut: Wann ist es ihm zu viel? Möchte er vielleicht nicht gestreichelt werden?

Beobachten Sie ihn und gehen Sie auf seine Bedürfnisse ein. Wenn er seine Ruhe haben möchte, lassen Sie ihn und schaffen Sie ihm einen Platz an dem er sie findet.

Fellpflege und Berührungen

Gewöhnen Sie Ihren blinden Hund auch rechtzeitig an Fellpflege und Berührungen. Viele Hunde wollen nicht gebürstet werden, weil sie es einfach nicht gewohnt sind. Deshalb ist es so wichtig, mit Ihrem Hund das Bürsten zu trainieren. Zu Beginn sollten Sie den Hund immer nur ein paar Sekunden sanft und liebevoll bürsten. Geben Sie ihm dann eine Belohnung in Form von Futter oder ein Spiel mit Ihnen. Er soll das Bürsten mit etwas Angenehmen verbinden. Sehen Sie zu, dass jeder in der Familie den Hund bürstet, damit er später ohne Probleme damit klarkommt.

Üben Sie außerdem Situationen wie Tierarztbesuche, damit der Hund daran gewöhnt wird, sanft festgehalten und untersucht zu werden. Heben Sie seine Lefzen hoch, untersuchen Sie sanft seine Pfote oder Ähnliches. Gehen Sie dabei immer sanft und behutsam vor, damit der Hund niemals einen Grund hat, Ihnen zu misstrauen. Gestalten Sie Ihre Übungseinheiten immer kurz.

Wenn der Hund sich gerne von Ihnen anfassen lässt, üben Sie das Gleiche mit Verwandten und Freunden. Vergessen Sie nicht während Sie üben, mit dem Hund freundlich zu sprechen, um ihm zu signalisieren, dass keine Gefahr von Ihnen ausgeht. Hören Sie mit dem Training auf, bevor es dem Hund zu viel wird, das heißt, er Sie stark beschwichtigt oder Ihnen ausweicht. Der Hund sollte immer fröhlich bei der Sache sein und sich keinesfalls unwohl fühlen.

Emi

Emi und Katrin sind sich in einem französischen Tierheim begegnet. Emi wurde in einem sehr schlechten Zustand, mit eingewachsener Halskette, auf der Straße gefunden. Es wird vermutet, dass sie eine Kettenhündin war, die entsorgt wurde, weil sie aufgrund ihres Alters nicht mehr anschlug.

Katrin ging in den Zwinger hinein und versuchte, Kontakt aufzunehmen, doch Emi war apathisch und reagierte auf nichts. Sie konnte kaum laufen, und auch ihre Augen waren verkrustet und entzündet.

Katrin brachte sie zu einer Tierärztin. Sie stellte mehrere Tumore, eine massive Unterernährung, Flöhe, einen Hautpilz und Blindheit fest. Ihr Alter ließ sich unter diesen Umständen nicht mehr feststellen, Emi ist zwischen zwölf und fünfzehn Jahre alt.

Emi wurde bei Katrin im Wintergarten untergebracht, wo sie einen direkten Zugang zum Garten hat und vorerst von den beiden Hunden Janosch und Lila räumlich getrennt werden konnte. Die Hunde durften sich durch das Hundegitter beschnüffeln und kennenlernen, ohne dass sich einer von ihnen bedrängt fühlen musste. Emi reagierte zu diesem Zeitpunkt auf nichts, deshalb kam auch der Verdacht auf, dass sie taub sein könnte.

Sie erschrak, wenn sie berührt wurde. Da sie kaum gehen konnte, musste ihr Katrin aber erst einmal helfen, wenn sie sich in eine ausweglose Lage manövriert hatte. Katrin gestaltete den Boden des Wintergartens weich und rutschfest, damit Emi sich bewegen konnte. Im Garten wurden alle Gefahrenzonen wie beispielsweise der Teich eingezäunt.

Nach einiger Zeit konnte Emi sich einigermaßen orientieren. Sie begann dann pausenlos und ziellos durch den Garten zu laufen. Allmählich versuchte Katrin, Emi an ihre beiden anderen Hunde zu gewöhnen. Mit Janosch gab es keine Probleme, während Lila sich schneller bedroht fühlte, da Emi die Hündin zu spät oder gar nicht wahrnehmen konnte und Lila irritiert war. Mittlerweile akzeptiert auch Lila Emis unkontrollierte Annäherungen gut. Emi steigt keine Treppen und so können sich die Hunde in das obere Stockwerk zurückziehen, wenn sie Ruhe brauchen. Niemals wurde einer der Hunde ausgesperrt, Katrin bat die Hunde aber öfters, bei der Tür auf sie zu warten, was alle akzeptierten.

Mit der Zeit begann Emi differenzierter auf Reize zu reagieren und erlangte einen Teil ihrer Sehkraft zurück. Auch ihre Augenentzündung ist abgeklungen. Sie nimmt Bewegungen wahr, spaziert durch den Garten, schnüffelt, buddelt und hält ihr Gesicht in den Wind.

Sie erschrickt weniger, wenn sie berührt wird und kann auch Streicheleinheiten genießen. Katrin und ihr Mann nähern sich weiterhin von rechts, da sie auf dieser Seite anscheinend mehr sehen kann und berühren sie erst, wenn sie sie erkannt hat.

Als Emi den Wintergarten zu verlassen begann und auch mal ins Haus ging, verlegten Katrin und ihr Mann Teppichwege, damit sie in jeden Raum gehen kann, was sie auch gerne tut.

Vor sieben Monaten hatte die Tierärztin der Hündin nur noch wenige Tage zu leben gegeben, aber auch heute noch geht es Emi gut. Sie nimmt aktiv am Leben teil, ist neugierig und freut sich auf jeden neuen Tag.

Emi

Im Haus

Die meisten blinden Hunde haben in kürzester Zeit einen vollständigen Plan ihrer Umgebung im Kopf. Bis das Tier jedoch so weit ist, können Sie ihm helfen und Gefahren vermindern.

Sehen Sie sich im Haus um. Gibt es »Fallen«? Liegen Gegenstände herum? Versuchen Sie, nichts herumliegen zu lassen. Mein blinder Hund hat mich so zu einem sehr ordentlichen Menschen erzogen. Ich würde außerdem empfehlen, in Ihrer Wohnung nichts zu verstellen, da sich blinde Hunde erfahrungsgemäß so viel wohler fühlen.

Vor allem Hunden, die an Nachtblindheit leiden, können Sie mit Beleuchtung helfen. Bringen Sie Energiesparlampen an. In manchen Fällen reicht schon eine Kinderlampe, die man in die Steckdose gibt. Bringen Sie diese Lampen am Anfang in jedem Zimmer an, in dem der Hund Zeit verbringt oder durchgeht. Es wird nicht lange dauern, und der Hund wird diese Hilfe nicht mehr benötigen. Hören Sie hier auf Ihr Gefühl. Ich lasse abends, wenn ich ein paar Stunden weggehe, immer schwache Lichter für meine Hunde brennen.

Sie können auch mit Kontrasten arbeiten. Bringen Sie beispielsweise an Wandecken schwarze Klebestreifen an. Wenn der Hund noch eine Restsehfähigkeit hat, wird es ihm helfen, diesen Kontrast zu erkennen. Sie können auch Treppen damit markieren.

Manche Besitzer von blinden Hunden arbeiten auch mit Geruchsmarkierungen. Sehen Sie aber von ätherischen Ölen (Duftölen) ab, da sie sehr stark sind und eventuell für den Hund unangenehm sind. Sie können ihm aber mit anderen einfachen Hilfsmitteln den Alltag erleichtern. Wenn Sie mit Ihrem blinden Hund verreisen und in ein neues Hotelzimmer kommen, schneiden Sie einfach eine Zitrone oder eine Zwiebel in der Hälfte durch und streifen damit einmal kurz über die Türstöcke. Sie müssen mit der Zitrone oder der Zwiebel wirklich nur einmal kurz darüberstreichen, das genügt! So können Sie Ihrem Hund helfen, sich zu orientieren. Sie müssen ihn natürlich auf diese Hilfe vorbereiten. Üben Sie es zu Hause: Streichen Sie mit der Zwiebel über den Türstock und klopfen Sie mit den Fingern darauf. Ihr Hund wird den Geruch schnell mit einem Türstock in Verbindung bringen.

In diesem Zusammenhang gibt es auch noch die Hilfsmittel der Boden- und Geräuschmarkierungen. Sie könnten zum Beispiel vor allem am Anfang den Treppenbereich und einen Weg zur Futter- und Wasserschüssel mit Teppichen auslegen.

Vermeiden Sie es auf jeden Fall, Möbel umzustellen! Das verunsichert einen blinden Hund. Sollten Sie es dennoch einmal tun müssen, führen Sie ihn langsam an den neuen Gegenstand heran. Es wäre unfair, den Hund einfach »hineinknallen« zu lassen. Er braucht Sie vor allem in solchen Situationen, also seien Sie für ihn da. Geben Sie ihm so viele Hilfestellungen wie möglich. Vergessen Sie nicht, dass sich der Hund einen dreidimensionalen Plan im Kopf zurechtlegen muss. Das braucht Weile. Stellen Sie außerdem unter keinen Umständen seinen Schlaf- und Futterplatz um.

Wenn Sie einen blinden Hund bei sich zu Hause aufnehmen, ist es ratsam, zu Beginn die scharfen Ecken und Kanten zu polstern. Verkleiden Sie Tischkanten – vor allem, wenn sie sich auf Augenhöhe von dem Hund befinden – mit Schaumstoff oder ähnlichem weichen Material. Scharfe Ecken und Kanten sind gefährlich, und Ihr Hund könnte sich verletzen, wenn er Ihre Umgebung noch nicht kennt.

Passen Sie auch gut auf, dass der Hund nicht gleich zu Beginn schlechte Erfahrungen macht und sich nicht übermäßig schreckt. Es gibt ja bekanntlich nur einen ersten Eindruck, und der sollte positiv sein! Viele blinde Hunde sind auf fremdem Gebiet unsicher und nervös. Schaffen Sie also eine stressfreie und ruhige Atmosphäre. Lassen Sie den Hund an der lockeren Leine und sprechen Sie freundlich mit ihm. Leine gibt oft Sicherheit! Gehen Sie mit dem Hund langsam einen Raum nach dem anderen ab und führen Sie ihn vorsichtig an Gegenstände heran.

Im Garten

Für den Garten gilt im Prinzip das Gleiche, außer dass das Risiko draußen natürlich erheblich höher ist. Vor allem, wenn es stürmt und die Wetterbedingungen schlecht sind, das heißt die Bodenbeschaffungen beeinträchtigt sind.

Sorgen Sie dafür, dass der Garten komplett eingezäunt ist. Wenn Ihr Hund sich einmal verläuft und orientierungslos herumirrt, kann das schlecht ausgehen. Natürlich ist das bei einem sehenden Hund auch schlimm, bei einem blinden Hund aber noch gefährlicher.

Sichern Sie gefährliche Teile des Gartens ab. Dazu müssen Sie den Garten aus der Perspektive Ihres Hundes betrachten. Gibt es Sträucher mit spitzen Nadeln oder Ästen auf Höhe des Gesichtsfeldes des Hundes? Zäunen Sie sie ein, denn das Verletzungsrisiko ist hoch. Sie werden vermutlich nicht vermeiden können, dass der Hund sich irgendwo stößt, aber Sie können dem Hund erst einmal helfen, sich in seinem neuen dunklen Umfeld zurechtzufinden.

Wenn es stürmt, wird sich der Hund vielleicht öfter irgendwo stoßen als bei ruhigem Wetter. Das ist normal, weil seine anderen Sinne beeinträchtigt sind.

Sie könnten auch eine Hundeklappe anbringen. Das ist vor allem für ältere Hunde sinnvoll, wenn sie selbst entscheiden können, ob sie hinaus möchten oder nicht. Vergessen Sie dabei nicht, Ihren blinden Hund zu lehren, wie er mit der Hundeklappe umgehen muss.

Spaziergänge

Manchmal kann es hilfreich sein, wenn Sie auf dem Spaziergang ein Glöckchen an sich selbst anbringen. Das ist aber von Hund zu Hund unterschiedlich. Finden Sie heraus, wie es dem Hund lieber ist. Manche kann es auch stressen.

Die wichtigste Orientierungshilfe ist immer noch Ihre Stimme.

Wenn Sie einen zweiten Hund haben, an dem sich der blinde Hund orientiert, können Sie auch ein Glöckchen an dem Zweithund anbringen.

Der blinde Dalmatiner Trolli lebt zusammen mit dem Jagdhundmischling Siqua. Da sich Trolli im Freilauf stark an Siqua orientiert, hat ihm sein Frauchen ein Glöckchen an sein Brustgeschirr gehängt. Wenn sie zusammen unterwegs sind, laufen beide so nah aneinander, dass man kaum merkt, dass einer von beiden nicht sehen kann.

Wobei wir bei einem anderen wichtigen Punkt wären: Blinde Hunde orientieren sich stark an den anderen Hunden der Gruppe. Sollten Sie Ihren blinden Hund alleine halten, denken Sie über einen souveränen Zweithund nach. Sie sollten einen zweiten Hund natürlich nicht nur aus diesem Grund aufnehmen, sondern weil Sie es selbst auch wollen!

Ihr zweiter Hund wird nämlich auch ein Individuum sein mit vielleicht ganz anderen Bedürfnissen, als Ihr Ersthund hat. (Abgesehen natürlich von den Grundbedürfnissen, wie Nahrung, Wasser, Bewegung usw.)

Gestalten Sie Ihre Spaziergänge in jedem Fall stressfrei, entspannt und erholsam, zeigen Sie Ihrem blinden Hund Dinge, damit er merkt, dass Sie auf ihn achten. Sie

Manchmal kann Elliott sich nur schwer entscheiden

können zum Beispiel ein Leckerchen auf eine Parkbank legen und dem Hund zeigen: »Sieh mal was ich gefunden habe!« Ihr Hund wird das bestimmt toll finden und es wird sein Selbstbewusstsein stärken, gemeinsam mit Ihnen spannende und schöne Dinge zu entdecken.

Ob Sie Ihren blinden Hund frei laufen lassen können, hängt davon ab, wie gut er folgt und wie gut sein Orientierungssinn ist. Wechseln Sie Ihre Spazierwege nicht andauernd, sondern suchen Sie sich zwei bis drei Wege, die Sie immer gehen, wenn Ihr Hund sich auf unbekanntem Gebiet nicht wohlfühlt oder gestresst ist. Das ist nicht der Sinn der Sache. Gestalten Sie die Spaziergänge trotzdem abwechslungsreich. Es gibt nichts Langweiligeres als eintönige Spaziergänge. Mein blinder Elliott hat vier Wege. Sie sind sehr unterschiedlich, und welchen Weg wir gehen, hängt vom Wetter und von der Tageszeit ab. (Und natürlich auch ein bisschen von meiner Laune.) Auf keinen Fall sollten Sie, nur weil der Hund blind ist, ihn nicht ausführen und nur im Haus und Garten halten! Gehen Sie auf jeden Fall hinaus und beschäftigen Sie sich mit Ihrem Hund. Sie werden selbst merken, wie gut der Hund mit seiner Umwelt zurechtkommt und können dann selbst entscheiden, wie Sie den Alltag gestalten wollen.

Prinzipiell würde sich Elliott mit fast allen Hunden verstehen, wenn die Annäherung langsam erfolgen würde. Da einige Hundebesitzer ihre Hunde aber nicht anleinen, sondern sie direkt auf uns zustürmen lassen, trägt er an manchen Orten eine Blindenschleife. Sie schützt ihn vor Menschen, die ihn anfassen wollen und (aber das nicht immer) auch vor frei laufenden Hunden. Wiegen Sie für Ihren Hund ab, ob eine

Elliott mit seiner Blindenschleife

solche Kennzeichnung des Tieres sinnvoll ist. Auf jeden Fall sollten Sie an seinem Brustgeschirr ein Täschchen anbringen, in dem Sie vermerken, dass der Hund blind ist und natürlich Ihren Namen und Ihre Telefonnummer. Falls es noch andere Dinge zu beachten gibt, schreiben Sie sie unbedingt auch hinein.

Falls Sie sich für eine Blindenschleife entscheiden, vergessen Sie nicht, dass sie Aufmerksamkeit erregt und Sie eventuell Fragen beantworten müssen, da Sie auf Spaziergängen oft darauf angesprochen werden. Überlegen Sie sich, ob Sie das möchten. Ich habe Elliotts Geschirr aus einem Bergrettungsgeschirr gebastelt, das ihm eine sehr nette Dame aus der Nachbarschaft geschenkt hat.

Sie könnten auch nur einen Anstecker mit drei Punkten auf dem Geschirr des Hundes anbringen. Seien Sie kreativ und tun Sie das, was Ihnen für Ihren Hund am sinnvollsten erscheint.

Begegnungen

Wenn Sie mit Ihrem blinden Hund spazieren gehen, kündigen Sie ihm durch Signalworte an, dass sich Menschen oder Hunde nähern. Teilen Sie das Ihrem Hund mit, damit er darauf vorbereitet ist. Wahrscheinlich wird Ihr Hund schon vor Ihnen wissen, dass sich ein Hund nähert, er wird sich aber dennoch bestimmt freuen, wie Sie mit ihm Kontakt aufnehmen, schließlich sind Sie gemeinsam unterwegs. Vielleicht ist er auch gerade beschäftigt und bekommt gar nicht mit, dass sich ein Hund nähert. In diesem Fall konnte er sich darauf vorbereiten und musste sich nicht erschrecken. Wenn ein Hund in einem Affentempo angelaufen kommt und keine Anstalten macht, einen Bogen zu laufen oder langsamer zu werden, können Sie die Geschwindigkeit herausnehmen und splitten. Stellen Sie sich ungefähr einen Meter von Ihrem Hund weg, zwischen Ihren und dem fremden Hund, und stoppen Sie ihn freundlich, aber bestimmt. Bleiben Sie vor allem ruhig und souverän und vergessen Sie nicht, dass Sie für Ihren Hund verantwortlich sind.

Die taube Sari und der blinde Elliott sind gute Freunde

Grundgehorsam

Elliott wird mit Hör- und Sichtzeichen erzogen. Das war schon immer so, und ich habe es so beibehalten. Ich glaube nicht, dass es für ihn einen Unterschied macht. Ich kenne meinen Hund sehr gut, das Ausschlaggebende ist aber, dass er mich noch besser kennt. Er weiß immer, was ich in bestimmten Situationen von ihm erwarte und das macht unser Zusammenleben sehr einfach und vorhersehbar. Vor allem, weil er ein sehr unsicherer Hund ist, gibt ihm diese Vorhersehbarkeit Sicherheit. Das heißt natürlich nicht, dass ich andauernd etwas von ihm möchte, denn selbst der geduldigste Hund wird einmal »taub«, wenn seine Menschen andauernd etwas von ihm möchten.

Warum ich ihn mit Sichtzeichen erziehe, liegt an mir. Ich möchte das, was ich verlange, einfach noch besser ausstrahlen, um es meinem Hund leichter zu machen. Bin ich davon überzeugt, was ich möchte, dann spürt das mein Hund. Das bedeutet aber auch, dass ich mir sicher sein muss, dass es passieren wird und dazu brauche ich Sichtzeichen. Sichtzeichen geben mir mit meiner Körpersprache Sicherheit und verleihen mir einen Ausdruck.

Alle Besitzer blinder Hunde mit denen ich im Laufe der Zeit zu tun hatte, setzen sowohl Hör- als auch Sichtzeichen ein. Vielleicht liegt es auch daran, dass wir Menschen eher »Augentiere« sind und in der heutigen Gesellschaft vieles auf diesen Sinn ausgerichtet ist, wir also solche Dinge wie Sichtzeichen automatisiert haben.

Das Wichtigste bei der Erziehung eines blinden Hundes ist natürlich die Sprache. Sie ist seine Orientierungshilfe. Lernen Sie also, Ihre Sprache richtig einzusetzen, das heißt so, dass der Hund versteht, was Sie möchten. Generell gilt, dass hohe Töne unter Hunden positive Zuwendung erzeugen. Außerdem hört ein Hund 4 - 20-mal besser als der Mensch, weshalb es nicht notwendig ist, übertrieben laut mit ihm zu sprechen. Auch ist es in der Natur so eingerichtet, dass die Tiere untereinander in sehr leisen Tönen kommunizieren, wenn es um etwas Wichtiges geht, wie zum Beispiel Feinde oder Nahrung. Das ist auch der Grund, warum wir mit leiser Stimme eher die Aufmerksamkeit unseres Hundes bekommen als mit lauter Stimme.

Sprechen Sie auf jeden Fall mehr mit Ihrem blinden Hund als mit einem sehenden, was aber nicht heißt, dass Sie ihn »zutexten« sollen. Geben Sie ihm über Ihre Stimme Hilfestellungen zur besseren Orientierung.

Ausrüstung

Dieses Kapitel liegt mir sehr am Herzen, da ich in der Fachliteratur auf die unglaublichsten Ausrüstungen gestoßen bin. Angefangen bei Stachelhalsbändern und Würgeketten bis hin zu Stangen, an denen blinde Hunde geführt werden, um sie »besser« und »sicherer« zu führen.

Sie brauchen aber wirklich nichts anderes als ein gut sitzendes Brustgeschirr, eine drei Meter Leine und Leckerchen, die dem Hund schmecken.

Das Brustgeschirr hat gegenüber dem Halsband sowohl gesundheitliche als auch psychologische Vorteile: Gesundheitliche, weil Wirbelsäule, Kehlkopf und Luftröhre nicht durch versehentliche Rucke an der Leine geschädigt werden können, wenn der blinde oder sehbehinderte Hund sich zum Beispiel erschreckt und zur Seite springt. Der Zug am Halsband führt außerdem nachweislich zu einem Anstieg des Augeninnendrucks, was bei manchen Augenerkrankungen kontraproduktiv sein kann (s. S. 22). Psychologische deshalb, weil mit einem Halsband viel schneller unerwünschte Fehlverknüpfungen entstehen können, als mit einem Brustgeschirr. So kann der Hund zum Beispiel am Brustgeschirr viel entspannter zu einem anderen Hund Kontakt aufnehmen, während der Druck am Halsband unangenehm ist und negative Empfindungen verstärken (Aggression) oder eventuell hervorrufen kann, die dann mit der Situation »Begegnung mit fremdem Hund« in Verbindung gebracht werden. Das ist vor allem dann wichtig, wenn der Hund unsicher ist und zu einem anderen Hund hin- oder wegzieht. Der Mensch am anderen Ende der Leine gibt dann über den Druck am Hals unwillentlich falsche Informationen, was einen blinden oder sehbehinderten Hund in eine unangenehme und eventuell sogar gefährliche Situation bringen könnte. Er muss sich wirklich auf die Information des Menschen verlassen können.

Im Ortsgebiet können Sie eventuell eine kürzere Leine nehmen (zwei Meter) oder Ihre drei Meter Leine kürzer nehmen. Eventuell könnten Sie noch eine fünf Meter und eine zehn Meter Leine besorgen, die Sie je nach Gelände einsetzen.

Auch hier kann ich Ihnen nur raten, Ihren Hund zu beobachten und zu sehen, mit welcher Leinenlänge er sich am Wohlsten fühlt.

Halten Sie sich von Erziehungsmitteln fern, die dem Hund Schaden oder Schmerzen zufügen. Lehren Sie ihn freundlich, ohne Druck und Zwang, was Sie von ihm möchten. Wenn Sie sich gegenseitig vertrauen und respektieren, wird aus Ihrem Hund ein folgsames Tier werden, das Sie trotz Behinderung an vielen Orten frei laufen lassen können. Sie brauchen nur Geduld und Liebe und eventuell eine/n gute/n Hundetrainer/in, der Ihnen dabei hilft.

Vergessen Sie nicht, dass der Dreh- und Angelpunkt Ihre Beziehung zueinander ist und Ihr Hund der Spiegel Ihrer selbst ist. Sind Sie nervös, unausgeglichen und unsicher, wird es Ihr Hund vermutlich auch sein.

Dodger

Dodger ist ein vierzehn Jahre alter Schäferhund-Mischling und lebt zusammen mit seiner Familie in Deutschland. Er stammt aus einem Tierheim, in das er mit zwei Jahren gebracht wurde. Ein Jahr später holte ihn seine Besitzerin zu sich nach Hause.

Dodger ist mittlerweile fast taub und zu 90 % erblindet. Eine erste Trübung des rechten Auges wurde vor drei bis vier Jahren ohne erkennbare Defizite bemerkt. Er begann anschließend, dicht hinter seinem Frauchen zu laufen und wurde zunehmend unruhig, wenn sie den Raum verließ und er nicht bemerkte, wo sie hinging. Er suchte dann jeden Raum mit der Nase ab und tut dies heute noch. Inzwischen sind beide Augen trüb. Er erkennt noch Körperbewegungen auf Distanz, hält man jedoch die Hand dicht vor sein rechtes Auge, erfolgt keine Reaktion. Innerhalb seiner gewohnten Umgebung ist seine Orientierung überhaupt nicht eingeschränkt und er stößt sich nicht an Möbeln. Wenn Dinge auf dem Boden liegen, überrennt er sie manchmal oder tritt drauf.

Beim Spazierengehen bleibt Dodger immer hinter seinem Frauchen. Er reagiert nur noch auf sehr lautes Rufen, allerdings sieht er da auch öfters in die falsche Richtung, weil er die Stimme nicht orten kann.

Dodger lebt zusammen mit den Doggen Camelot und Rusty sowie der Malinois-Hündin Marlie. An den Hunden der Gruppe orientiert er sich nicht. Mit Rusty und Marlie hat Dodger keine Probleme, nur mit Camelot ist der Umgang etwas komplizierter, da die Hunde Angst voreinander haben. Weil Dodger nicht mehr hört, wenn sich ein Hund von hinten oder von der Seite nähert, hatte er eines Tages Camelots Annäherung nicht bemerkt und erschrak, als er plötzlich hinter ihm stand. Es kam zu einem Abschnappen. Seitdem gehen die beiden Hunde sehr distanziert miteinander um und versuchen, sich aus dem Weg zu gehen. Wenn sie sich doch einmal begegnen, stehen sie starr voreinander und wenden sehr stark den Kopf ab. Die Besitzerin hilft ihren Hunden aus dieser Situation heraus, indem sie sich trennend dazwischen stellt. Glücklicherweise haben die

Hunde viel Platz, um auszuweichen und Menschen um sich, die vorausschauend und umsichtig mit ihnen umgehen.

Fremde Hunde haben Dodger nie sonderlich interessiert. Wegen seiner Sehbehinderung ist es aber nun sehr wichtig, dass ihm sein Frauchen eine Begegnung ankündigt. Wenn er genug Zeit und Distanz bekommt, laufen Hundebegegnungen friedlich ab, wird er jedoch überrascht, reagiert er unter Umständen mit Abschnappen.

Dodger wendet alle Formen der Beschwichtigungssignale an und hat nichts verlernt. Er züngelt, gähnt, wendet den Kopf ab, außer einer kurzen Kontaktaufnahme findet aber nichts statt. Meistens hat er an fremden Hunden kein Interesse, er ist eher vorsichtig und ängstlich, geht auf Distanz und schnüffelt und markiert, um zu zeigen, dass von ihm keine Gefahr ausgeht.

Seine Besitzerin gibt Dodger viele Hilfestellungen im Alltag: Er hat eine Einstiegshilfe mit seitlicher Begrenzung für das Auto. Außerdem bekommt er »überdeutliche« Körperhilfe von seinen Menschen. In fremder Umgebung versuchen sie, relativ dicht an seiner Seite zu gehen, wenn er das möchte. Außerdem wird er oftmals angeleint, da die Leine für ihn eine Verbindung zu seinem Frauchen darstellt und ihm Sicherheit gibt. Leider hat Dodger hochgradige HD und eine Gehbehinderung. Dadurch ist seine Bewegungsfreiheit durch die Leine eingeschränkt. Im Freilauf kann er selbst entscheiden, wie schnell oder langsam er gehen möchte, während er an der Leine das Gefühl hat, er müsse sich beeilen und mitlaufen.

Seine Menschen achten darauf, dass sich niemand von hinten oder der rechten Seite überraschend nähert, da er sich sonst erschreckt. Er bekommt viel Körpernähe zu seinen Menschen, die ihm auch genug Distanzen in möglichen Konfliktsituationen schaffen, die er aufgrund seiner Sehbehinderung nicht rechtzeitig erfassen könnte.

Dodger hat tolle Menschen an seiner Seite, denen er vertrauen kann und die ihm helfen, sich trotz seiner starken Sehbehinderung zurechtzufinden und wohl zu fühlen.

Beschwichtigungssignale und Stress

Auch blinde Hunde können Beschwichtigungssignale zeigen, wenn sie sich nicht wohl fühlen und ihnen eine Situation unangenehm ist. Beobachten Sie zum Beispiel einmal Hunde, wenn ihre Besitzer sie mit strenger Stimme rufen. Sie können dann wahrscheinlich eine Reihe von Beschwichtigungssignale sehen, die der Hund zeigt, um seine/n Besitzer/in zu besänftigen. Die meisten Hunde sehen weg und werden immer langsamer. Das tun sie auf keinen Fall, um ihre Besitzer zu provozieren, sondern um sie zu beschwichtigen. Es ist sehr interessant, Hunde in ihrer Kommunikation zu beobachten. Zu den häufigsten Beschwichtigungssignalen zählt beispielsweise das Gähnen oder sich über den Fang lecken, pföteln oder blinzeln. Beobachten Sie Ihren Hund, ob er Signale sendet, die Ihnen zeigen können, dass ihm eine Situation nicht ganz geheuer ist und holen Sie ihn eventuell aus dieser Situation heraus. Auf keinen Fall sollten Sie Beschwichtigungssignale ignorieren.

In der Regel zeigen auch blinde Hunde Beschwichtigungssignale, es gibt aber auch einige, wie zum Beispiel der blinde Trolli, die diese Stufe ihrer Kommunikation überspringen und gleich knurren, wenn ihnen etwas zu viel wird. Das ist nicht schlimm und es liegt vermutlich daran, dass er in seiner Welpenzeit anderen Hunden nicht zusehen konnte, wie sie kommunizieren und es demnach nicht lernen konnte.

Hunde, die nicht blind auf die Welt kamen, zeigen in der Regel das gesamte Repertoire der Beschwichtigungssignale. Oftmals reagieren blinde Hunde schneller gestresst als sehende. Auch das ist normal, da ihnen ja ein Sinn fehlt und sie ihre Umgebung nicht in dem gleichen Ausmaß wahrnehmen wie sehende Hunde. Stress kann aus den unterschiedlichsten Gründen entstehen: aus Angst, durch wildes Spielen, durch Unruhe in der Familie oder generell im Haushalt, durch zu viel Bewegung oder zu viel Training, durch Schmerzen, Krankheit usw.

Es ist natürlich für den Hund in Ordnung, gelegentlich Stress zu erfahren, aber ein anhaltender Stresspegel ist für kein Lebewesen gesund. Ganz im Gegenteil verursacht chronischer Stress körperliche und geistige Schädigungen wie zum Beispiel einen zu hohen Blutdruck, Magengeschwüre usw. Auch ein unter chronischem Stress stehender Hund kann Migräne, Verdauungsstörungen, Schlafstörungen usw. bekommen.

Bedenken Sie, dass vieles für einen blinden Hund noch mehr Stress bedeutet als für einen sehenden, er also eventuell eine niedrigere Stresstoleranzgrenze besitzt.

Wenn der Hund wirklich Stress hat, kann er auch keine Beschwichtigungssignale mehr senden und reagiert mit den entsprechenden Symptomen.

Achten Sie auf Stereotypen, wie beispielsweise im Kreis drehen, das ich schon bei mehreren blinden Hunden beobachtet habe. Andere Symptome sind bellen, winseln, zittern, in die Luft schnappen, erweiterte Pupillen, Pfoten beißen, Zähne klappern, Schweißpfoten, exzessives Graben oder Scharren. Diese Liste ist keineswegs vollständig.

Hechelt Ihr Hund beispielsweise sehr stark, kann es durchaus sein, dass er stark gestresst ist und ihm die Situation, in der er sich gerade befindet, zu viel ist. Das kann zum Beispiel in unbekannten Umgebungen vorkommen. Es ist wichtig, den blinden Hund immer in seiner Gesamtsituation zu betrachten: Natürlich kann es auch sein, dass ihm bloß heiß ist. Bellt ein Hund viel, kann das verschiedene Ursachen haben, es kann aber durchaus auch ein Stressproblem sein. Wiederum kann es aber auch daran liegen, dass es einfach eine bellfreudige Rasse ist.

Passen Sie sich in jedem Fall der Lebens- und Lerngeschwindigkeit Ihres Hundes an. Wenn der Hund mit großen Menschenmengen nicht zurechtkommt, sollten Sie darauf verzichten, ihn an solche Orte mitzunehmen. Sie können ihn langsam an neue Orte gewöhnen, aber immer nur so, wie es für den Hund angenehm und in Ordnung ist.

Wichtig ist auch, dass der Hund in einer Stresssituation nicht mehr folgen kann, da er seine Konzentrationsfähigkeit verliert. Es kann auch sein, dass er keine Leckerchen mehr nimmt. Merken Sie sich das gut und respektieren Sie das. Auf keinen Fall sollten Sie mit dem Hund schimpfen. Holen Sie ihn aus der Situation heraus.

Grundkommandos

Wie zuverlässig ein blinder Hund folgt, hängt natürlich davon ab, wie gut er das vor seiner Erblindung getan hat. Hat er nicht gefolgt und war unsicher im Ausführen von Grundkommandos, wird er es ohne Sicht erst recht sein.

Suchen Sie sich vielleicht eine/n gute/n Trainer/in. Achten Sie dabei auf das Wesentliche und hören Sie vor allem auf Ihr Bauchgefühl. Tun Sie nichts, wobei Sie sich nicht wohl fühlen und tun Sie vor allem nichts, was Sie nicht selbst vertreten können.

Grundsätzlich gilt, dass der Grundgehorsam Ihres Hundes Vertrauen voraussetzt. Ihr Hund wird Ihnen nicht zuverlässig folgen, wenn er Ihnen nicht vertraut. Das bedeutet, dass Kommandos immer freundlich gegeben werden. Ihr Hund lernt sonst, dass Kommandos manchmal etwas Gutes und manchmal etwas Schlechtes sind, und das sind sie nicht. Ihr Hund soll Ihnen folgen, weil es ihm Spaß macht und weil er es von sich aus machen möchte und nicht, weil er Sie fürchtet.

Es gibt einige Dinge, die Sie Ihrem Hund beibringen können, um ihm den Alltag zu erleichtern. Wenn Sie einen blinden Hund bei sich zu Hause aufnehmen, lassen Sie ihn die ersten Wochen zur Ruhe kommen. Vermutlich hat Ihr neuer Freund genug damit zu tun, seine Umgebung und seine Bezugspersonen kennenzulernen. In der Regel dauert es ein paar Wochen, bis der Stresspegel sinkt und der Hund angekommen ist. Beginnen Sie mit dem Training wirklich erst, wenn Sie spüren, dass Ihr Hund weiß, dass Sie seine Menschen sind. Lehren Sie den Hund außerdem immer ein Kommando nach dem anderen, damit er nicht verwirrt wird und gehen Sie erst zu dem nächsten über, wenn er das vorige beherrscht.

Es ist besser, wenn Ihr Hund wenige Kommandos beherrscht, diese aber dafür zuverlässig ausführt, als dass er sehr viele Kommandos kennt und diese dann verwechselt oder nicht zuverlässig zeigt. Bedenken Sie immer, dass Hunde Lebewesen sind und keine Maschinen. Es gibt also niemals eine Garantie für etwas und aus diesem Grund sollte Ihr Hund, selbst wenn er gut folgt, immer angeleint sein, wenn sich in der Nähe eine stark befahrene Straße oder eine andere Gefahr befindet. Das ist auch für Sie entspannender. Ich habe immer Hundebesitzer vor Augen, die ihre Hunde an der Straße ohne Leine führen und glauben, ihnen etwas Gutes zu tun – dabei ist gut zu sehen, dass Hund und Halter angespannt sind, weil der Halter ständig »Fuß« zischt und der Hund schon eingeschüchtert ist und sich nur darauf konzentriert, bloß keinen Schritt von seiner Seite zu weichen. Das ist kein schönes und entspanntes Zusammenleben! Verabschieden Sie sich von alten Klischees, ein Hund sei nur glücklich, wenn er überall und ständig ohne Leine laufen kann. Ein Hund braucht Auslauf, das stimmt wohl, im Endeffekt wird bei Ihrem Hund aber nur das ankommen, was Sie ihm mitteilen bzw. was Sie ausstrahlen. Wenn Sie Ihren Hund an der

Leine führen und sich dabei immer »Armer Hund« denken, wird sich Ihr Hund auch als armer Hund fühlen. Wenn Sie aber ausstrahlen, dass da wirklich nichts dabei ist, wird es auch Ihrem Hund egal sein.

Wenn das Training an einem Tag nicht klappt, dann verschieben Sie es einfach auf den nächsten Tag. Auch Ihr Hund kann mal einen schlechten Tag oder keine Lust haben. Üben Sie immer nur, wenn Ihr Hund gerne mitmachen möchte und nicht, weil Sie glauben, Sie müssen. Sie müssen gar nichts. Stattdessen können Sie auch einfach nur rumalbern oder sich zusammen auf eine Wiese setzen und Ihr Gesicht in die Sonne halten.

»Schau mal!« mit akustischem Signal

»Schau mal!« ist das Kommando für das Herankommen. Sie werden sich fragen, wieso ich einen blinden Hund mit »Schau mal!« rufe, da er ja nicht schauen kann. Es ist wichtig, dass Sie bei dem Kommando zum einfachen Herankommen kein Wort aus dem alltäglichen Sprachgebrauch wählen. »Hier« oder »Komm« sind daher unbrauchbare Kommandos, da sie im alltäglichen Sprachgebrauch unter Menschen viel zu oft benutzt werden. Wichtig ist auch, dass Sie immer dasselbe Kommando benutzen, denn der Hund soll <u>ein</u> Wort mit <u>einer</u> Handlung verknüpfen. Für blinde Hunde ist es wichtig, dass sie jederzeit wissen, was von ihnen erwartet wird und das impliziert natürlich, dass es für eine gewünschte Handlung auch nur ein Kommando gibt. Üben Sie das Kommando zunächst in reizarmer Umgebung, vielleicht zu Hause, indem Sie ein Leckerchen in die Hand nehmen und den Hund bei seinem Namen rufen. Wenn er aufmerksam wird und in Ihre Richtung schaut, sagen Sie freundlich »Schau mal« und sobald er sich in Ihre Richtung bewegt, loben Sie ihn. Wenn er nah an Ihnen dran ist, geben Sie ihm eine weitere Hilfestellung, wie zum Beispiel leise in

die Hände klatschen, damit er Sie orten kann. Eine weitere Möglichkeit wäre, mit der Zunge zu schnalzen.

Geben Sie Ihrem Hund sein Leckerchen. Er wird nach kurzer Zeit verstanden haben, dass »Schau mal« gefolgt von einer akustischen Orientierungshilfe bedeutet, dass er zu Ihnen kommen soll und ihn dann eine schöne Belohnung erwartet.

Mögliche Fehlerquellen:

Es könnte sein, dass Ihr Hund nicht kommt, wenn Sie ihn rufen, weil er Sie nicht orten kann. Seien Sie nachsichtig und achten Sie besser auf Ihre Kommunikation, vor allem auf Ihr akustisches Signal, damit Ihr Hund auch wirklich weiß, wo Sie sich gerade befinden.

Es könnte auch sein, dass Sie Ihren Hund zu viel rufen und er einfach nicht mehr möchte. Beobachten Sie sich: Wie oft rufen Sie Ihren Hund, wenn Sie mit ihm spazieren gehen und wie oft kommt er nicht?

Oft machen die Besitzer auch den Fehler, viel zu oft unnötig zu rufen, sodass das Kommando für den Hund an Bedeutung verliert. Man sollte also auch darauf achten, das Kommando nicht unbedacht zu verwenden.

Achten Sie auch darauf, nicht zu viel zu üben und aufzuhören, wenn es am schönsten ist!

Vorsicht

»Vorsicht« bedeutet, dass ein Hindernis kommt und der Hund ausweichen kann. Bringen Sie dem Hund entweder nach rechts oder nach links ausweichen bei, denn beides würde ihn verwirren. Sie können dem Hund natürlich auch zwei Kommandos beibringen: Eines für nach rechts ausweichen und eines für nach links ausweichen. Dabei ist zu beachten, dass Sie dem Hund zuerst das eine beibringen und erst wenn er es zuverlässig kann, das andere.

Nehmen Sie Ihren Hund an der lockeren Leine und gehen Sie ein Stück mit ihm. Vor einem Hindernis (eine Tasche zum Beispiel), welches Sie vorher hingelegt haben, werden Sie langsamer, sagen »Vorsicht« und laufen einen deutlichen Bogen darum herum.

Sie können den Hund vorher auch das Hindernis antasten lassen. Vergessen Sie nicht, den Hund dann zu loben. Wiederholen Sie dies mehrmals und steigern Sie langsam den Schwierigkeitsgrad.

Mögliche Fehlerquellen:

Es könnte sein, dass Sie zu schnell vorgehen. Das Wichtigste bei diesem Kommando ist, es langsam zu üben und den Schwierigkeitsgrad nur langsam zu steigern.

Stopp

Stopp bedeutet das sofortige Stehenbleiben, wobei es nicht wichtig ist, in welche Ruheposition sich der Hund begibt. Er sollte einfach an Ort und Stelle bleiben, bis er durch ein nächstes Kommando aus dieser Position entlassen wird. Dies kann einem blinden Hund das Leben retten und sollte wirklich zuverlässig funktionieren.

Es gehört viel Feingefühl dazu, das richtige Kommando zum richtigen Zeitpunkt einzusetzen. Dazu gehört auch, vorausschauend spazieren zu gehen. Sie haben in einer entsprechenden Situation nicht viel Zeit zu überlegen, ob es nun besser für den Hund ist, wenn Sie »Vorsicht« oder »Stopp« sagen. Außerdem muss er die Kommandos beherrschen, um sie ausführen zu können. Wichtig dabei ist, dass Sie nicht vergessen, dass Sie das Augenlicht Ihres Hundes sind. Sie müssen dem Hund vermitteln können, dass es nun gefährlich werden könnte und er muss Ihnen das glauben.

Nehmen Sie den Hund an der lockeren Leine und gehen Sie ein Stück mit ihm. Bleiben Sie dann stehen und sagen Sie das Kommando »Stopp«. Sobald der Hund steht, belohnen Sie ihn mit einem Leckerchen und loben Sie ihn mit freundlicher Stimme. Bevor es weitergeht, geben Sie ihm ein zweites Kommando, das ihm signalisiert, dass er nun weitergehen darf. Das ist sehr wichtig, da der Hund nicht wissen kann, wie lange er in dieser Position verweilen soll. »Weiter« eignet sich gut als Kommando.

Steigern Sie den Schwierigkeitsgrad allmählich. Wenn der Hund verstanden hat worum es geht, versuchen Sie es ohne Leine.

Nachdem Elliott das Kommando »Stopp« bekommen hat, bleibt er stehen

Mögliche Fehlerquellen:

Seien Sie konsequent beim Auflösen des Stoppsignals, denn nur so kann die Sicherheit Ihres blinden Hundes gewährt werden. Geht der Hund immer von selbst weiter, kann es sein, dass Sie ihn länger in der Position lassen, als es ihm möglich ist. Gehen Sie dann in Ihrem Training ein paar Schritte zurück und erhöhen Sie nur langsam die Zeit, die der Hund stehen bleiben soll.

Langsam

»Langsam« ist ein sehr wichtiges Kommando, vor allem für begrenzt sehfähige Hunde. Üben Sie mit dem Hund wieder an der lockeren Leine. Laufen Sie ein Stück mit ihm und während Sie langsamer werden, sagen Sie das Kommando »laaaangsam«. Ziehen Sie dabei das Wort lange, denn die meisten Hunde macht schon allein das lang gezogene Wort langsamer. Vergessen Sie wieder nicht, den Hund zu loben, damit er weiß, dass er es richtig macht.

Mögliche Fehlerquellen:

Seien Sie geduldig, wenn es nicht sofort klappt und üben Sie am Anfang wirklich nur gemeinsam mit dem Hund an der lockeren Leine.

Stufen

»Stufen« ist wohl eines der wichtigsten Kommandos für einen blinden Hund. Sie sollten eines einführen für Stufen rauf und eines für Stufen runter.

Elliott hat keine Probleme mit der Wendeltreppe

Üben Sie das Kommando, indem Sie das Signalwort sagen und vorsichtig mit dem Hund eine Stufe nehmen, das heißt, lassen Sie den Hund an die Stufe herantasten. Sie können auch auf die Stufe klopfen, damit Sie dem Hund zeigen, dass hier eine Treppe ist. Sobald die Treppe zu Ende ist, sagen Sie etwas wie beispielsweise »fertig«, damit der Hund weiß, dass nun keine Stufen mehr kommen.

Falls Sie bei sich zu Hause Stufen haben, wird Ihr Hund sehr schnell lernen, wie viele es sind und wo sie sich befinden. Sie werden also nichts mehr zu ihm sagen müssen. Der Hund wird sich schnell einen Plan seiner Umgebung einprägen.

In das Auto einsteigen

Wichtig für den Alltag ist auch, den blinden Hund ein Kommando zu lehren, das ihn darauf vorbereitet, in das Auto einzusteigen.

Führen Sie in jedem Fall auch ein Kommando zum Aussteigen ein. Selbst wenn ein Hund sehen kann, ist es sehr gefährlich, ihn unbeachtet aus dem Auto springen zu lassen.

Elliott ist auf die automatische Fernbedienung konditioniert. Das ist etwas, was er sich selbst beigebracht hat: Er hat gelernt, dass das Geräusch bedeutet, dass er gleich ein nächstes Kommando bekommt: »Hopp«. Dabei klopfe ich mit der flachen Hand auf die Sitzbank.

Es reicht, wenn Sie dem Hund zu Beginn beim Ein- und Aussteigen helfen. Nehmen Sie ihn dazu leicht am Brustgeschirr und helfen Sie ihm hinein. Geben Sie ihm für das Einsteigen ein Leckerchen und tun Sie das Gleiche für das Aussteigen. Vergessen Sie dabei nicht, freundlich mit Ihrem Hund zu sprechen.

Geh rechts/Geh links

Wenige blinde Hunde lassen sich von fremden Menschen gerne anfassen. Sie sollten Ihren Hund vor den gut gemeinten Liebesattacken fremder Menschen schützen, wenn er das nicht möchte. Mir ist es mehr als einmal passiert, dass ich mit Elliott im Ortsgebiet unterwegs war und ein fremder Mensch im Vorbeigehen hinuntergegriffen hat, um meinem Hund den Kopf zu tätscheln. Stellen Sie sich das für ein blindes Tier vor!

Ich habe deshalb die Kommandos »Geh rechts« und »Geh links« eingeführt. Diese kommen zum Einsatz, wenn ich keine Möglichkeit habe, einen kleinen Bogen um fremde Menschen zu laufen.

Kommt uns jemand entgegen, splitte ich also. Ich kenne meinen Hund, aber ich kenne die Person, die uns entgegenkommt nicht. Dazu sage ich »Elliott, geh links« und schnippe mit der linken Hand auf der Höhe meines Oberschenkels. Elliott wechselt dann auf meine linke Seite. Das Gleiche gilt für »Geh rechts«, dann weiß er, dass er nun auf meine rechte Seite kommen soll. Wichtig ist, dass Sie diese Kommandos auflösen (»weiter«), da der Hund nicht weiß, wann die ausgeführte Handlung zu Ende ist und er es sonst irgendwann selbst entscheiden würde und die Handlung – völlig zu recht – selbst beenden würde.

Um Ihrem Hund das Kommando »Geh links« beizubringen, holen Sie ihn zu sich und nehmen ein Leckerchen in die linke Hand. Führen Sie den Hund mit dem Leckerchen an Ihre linke Seite und gehen Sie ein Stück mit ihm. Der Hund wird nun versuchen, an das Leckerchen ranzukommen und läuft nun links neben ihnen her. Wiederholen Sie die Worte mehrmals, dann bleiben Sie stehen, geben dem Hund das Leckerchen und lösen es auf, indem Sie »weiter« sagen. Wiederholen Sie diese Übung mehrmals, und wenn der Hund es verstanden hat und zuverlässig ausführt, machen Sie das Gleiche mit »Geh rechts«.

Mögliche Fehlerquellen:

Geben Sie dem Hund das Leckerchen erst, wenn er steht, denn sonst belohnen Sie ihn für das langsame Gehen. Der Hund soll aber seine Position (links oder rechts von Ihnen zu sein) mit dem Kommando verknüpfen.

Sitz

Sitz ist ein Kommando, das Sie vielleicht für Ihren blinden Hund brauchen können. Vielen Hunden fällt es leichter, kurz an einem Ort zu bleiben, wenn sie davor das Kommando »Sitz« bekommen. Sie sollten den Hund niemals länger sitzen lassen, als er es aushalten kann. Auf keinen Fall sollten Sie Ihrem Hund das Kommando »Sitz« geben und ihn dann irgendwo (z. B. vor einem Supermarkt) alleine zurücklassen. Ich verwende »Sitz« eigentlich nur, um ein Spielzeug zu verstecken, das Elliott dann suchen muss. Wenn ich ihn stehen lasse, geht er immer ein paar Schritte, sobald er nicht mehr meine Aufmerksamkeit hat.

Um Ihrem Hund »Sitz« beizubringen, nehmen Sie ein Leckerchen in die Hand und halten Sie es dem Hund von schräg hinten-oben leicht über den Kopf. Er wird sich setzen, weil er es aus dieser Richtung riecht und in genau diesem Moment sagen Sie »Sitz«. Wiederholen Sie die Übung drei Mal und hören Sie dann auf. Üben Sie nie öfter als drei Mal hintereinander und hören Sie auf, wenn es gut klappt. Wenn Sie sicher sind, dass Ihr Hund verstanden hat, worum es geht, dann probieren Sie es nur mit dem Signalwort. Vergessen Sie nicht »weiter« zu sagen, wenn die Übung beendet ist und Ihr Hund wieder aufstehen darf.

Mögliche Fehlerquellen:
Wenn Sie das Leckerchen zu hoch halten, könnte der Hund versuchen zu springen, um es zu bekommen. Schimpfen Sie nicht mit dem Hund, denn das ist Ihr Fehler. Halten Sie das Leckerchen tiefer.

Wenn Ihr Hund immer aufsteht, bevor die Übung beendet ist, kann es sein, dass der Schwierigkeitsgrad noch zu hoch für ihn ist. Gestalten Sie in diesem Fall die Übungseinheiten kürzer.

Alltagsgespräche

Wie bereits erwähnt, sollten Sie mit Ihrem blinden Hund mehr sprechen als mit einem sehenden Hund, ohne ihn dabei zuzutexten. Sagen Sie ihm, was Sie tun, zum Beispiel wenn Sie sein Futter machen oder wenn Sie zu einem Spaziergang aufbrechen, damit er weiß, was als Nächstes passiert. Das wird ihm eine unglaubliche Hilfe im Alltag sein.

Frei

Manche Hundebesitzer haben ein Kommando für »freie Bahn«, das heißt, dass nichts herumsteht und der Hund sorglos herumlaufen kann. Ich halte dieses Kommando für problematisch, weil es bedeutet, dass ich immer dann, wenn die Bahn frei ist, dieses Kommando geben müsste. Ich müsste also andauernd dieses Kommando geben, weil ich darauf schaue, dass nichts im Weg herumliegt.

Ich könnte mir vorstellen, etwas einzuführen, wenn der Hund unsicher im Schritt ist. Ich denke aber, dass da ein paar aufmunternde, verständnisvolle und freundliche Worte reichen müssen, damit der Hund versteht, dass er sich nicht sorgen muss und Sie für ihn da sind.

Integration eines blinden Hundes in eine bestehende Gruppe

Wenn Sie mehrere Hunde zu Hause haben, bilden diese Hunde im Idealfall eine stabile Gruppe. Fälschlicherweise wird oft von einem Rudel gesprochen. Das ist so aber nicht richtig, da es sich bei einem Rudel um einen Familienverband handelt, das heißt Elterntiere mit ihren Nachkommen. Nur wenige Menschen halten also ein Rudel, sondern eher eine Gruppe, wie dies bei der Mehrhundehaltung der Fall ist. Wollen Sie nun einen blinden Hund in Ihre bestehende Gruppe integrieren, sollten Sie auf mehrere Dinge achten, damit Sie allen den Start erleichtern.

Achten Sie zuallererst darauf, dass der blinde Hund Ihren Ersthund an einem ruhigen Ort kennenlernt. Es empfiehlt sich beispielsweise ein ruhiger Spazierweg, den der blinde Hund schon kennt. Es ist wichtig, dass Sie die Hunde nicht aufeinander zustürmen lassen, halten Sie also erst einmal beide Hunde an der lockeren Leine. Fragen Sie jemanden, ob er Ihnen bei der Zusammenführung hilft, denn das schafft eine ruhige Atmosphäre. Weisen Sie Ihren Helfer ein, was er zu tun hat. Nichts ist schlimmer, als sich in einer solchen wichtigen Situation Dinge zuzurufen oder gar zu schreien. Das schafft eine unangenehme Atmosphäre. Wenn es nicht anders geht, können Sie auch über Ihre Handys kommunizieren. Die erste Begegnung ist sehr wichtig, denn schließlich gibt es den ersten Eindruck nur einmal.

Ich empfehle Ihnen, den Helfer mit dem Ersthund vorgehen zu lassen. Ihr Ersthund sollte den Helfer kennen und mögen, damit er sich nicht ständig umdreht, winselt oder nicht weitergehen möchte. Er soll sich schließlich auch wohl fühlen. Gehen Sie dann mit dem blinden Hund in einigen Metern Abstand hinterher. Wählen Sie den Abstand so großzügig wie möglich und verringern Sie ihn erst, wenn es für beide Hunde in Ordnung ist. Das Ziel sollte sein, dass sie am Ende entspannt nebeneinander hergehen können, damit sich beide Hunde kennenlernen können. Achten Sie immer darauf, dass die Leinen locker durchhängen, um keine Spannung zu erzeugen. Wiederholen Sie diese Spaziergänge auf neutralem Gebiet mehrmals. Sie werden bald sehen, ob sich die Hunde riechen können.

Wenn Sie mehrere Hunde haben, ist es besser, wenn der blinde Hund jeden Hund der Gruppe einzeln kennenlernt, damit er nicht überfordert ist. Vergessen Sie nicht, dass der blinde Hund der Neue ist und erst integriert werden muss.

Wenn der blinde Hund Ihre Hunde von den netten, gemeinsamen Spaziergängen kennt, können Sie beginnen, ihn mit nach Hause zu nehmen. Es ist nicht schlecht, wenn der blinde Hund sein neues Zuhause ohne Artgenossen kennenlernt, damit er es in Ruhe erkunden und sich auf die Umgebung konzentrieren kann. Vermeiden Sie es, den Hund mit zu vielen Reizen auf einmal zu konfrontieren. Wenn der blinde Hund sein neues Zuhause kennt, gehen Sie mit allen Hunden eine Runde spazieren (jetzt kennt er sie ja schon) und gehen Sie erst nach dem Spaziergang alle zusammen nach Hause.

Schaffen Sie dem blinden Hund Orte, an denen er seine Ruhe findet und vermeiden Sie vor allem am Anfang Konfliktpotenzial. Wenn einer Ihrer Hunde Ressourcen verteidigt, wie beispielsweise sein Spielzeug, dann räumen Sie das Spielzeug weg, damit es nicht gleich zu Beginn Konflikte zwischen den Tieren gibt. Sind Sie nicht sicher, dass alle Tiere in Ruhe zusammen fressen können, dann trennen Sie sie beim Fressen.

Es ist auch wichtig, dass die Hunde genug Ausweichmöglichkeiten haben, vermeiden Sie also Engpässe und schaffen Sie Platz, damit sich alle wohlfühlen können.

Wenn Sie einen Hund haben, der nur schwer »Ruhe gibt« und Sie das Gefühl haben, dass der blinde Hund Ruhe braucht (oder umgekehrt), dann zwingen Sie die Hunde auf keinen Fall auf ihre Plätze, da dies Stress nur fördert. Wenn Sie in einer Situation sind, die Sie nervös macht und es Ihnen hilft, hin und her zu laufen, hilft es Ihnen ja auch nicht, wenn Sie jemand zwingt, sich hinzusetzen und stillzuhalten. In der Regel gilt: Bewegung hilft beim Stressabbau. Es bietet sich in einer solchen Situation an, ein Kindergitter anzubringen. So können sich alle sehen oder riechen und beieinander sein und trotzdem ihre Ruhe finden.

Achten Sie immer auf Beschwichtigungssignale und Stresssymptome aller Hunde und reagieren Sie entsprechend.

Es ist normal, wenn die Hunde länger brauchen, um sich aufeinander einzustellen, da es zu Beginn immer wieder zu Missverständnissen zwischen den Tieren kommen kann und die sehenden Hunde erst lernen müssen, mit dem blinden Hund zu kommunizieren. Beispielsweise könnte der blinde Hund die sehenden Hunde anstarren, was diese als Bedrohung interpretieren könnten. In diesem Fall könnten Sie sich ruhig zwischen die Hunde stellen und splitten. Das nimmt einerseits die Spannung aus der Situation, andererseits lernen Ihre Hunde so, dass Sie Verantwortung übernehmen, und das ist sehr wichtig.

Es könnte auch sein, dass der blinde Hund zu Beginn öfters in die Sehenden hineinläuft oder stolpert, was diese als sehr unhöflich empfinden könnten. Beobachten Sie, wie die Tiere damit umgehen. Schütteln Sie sich und laufen weiter, dann schütteln Sie vielleicht ihren Konflikt ab und alles ist gut. Sie sollten aber darauf achten, dass sich die Situationen nicht zu sehr »aufschaukeln«. Wenn Sie das Gefühl haben, alle Hunde haben genug für den Moment, dann schaffen Sie Zeiten und Orte, an denen alle zur Ruhe kommen können. Schicken Sie niemals einen der Hunde als »Strafe« auf seinen Platz, denn das wäre wirklich unfair. Der Platz des Hundes sollte ein Ort sein, an dem er sich wohlfühlt und nicht einer, den er mit etwas Negativem verbindet.

Behalten Sie immer im Hinterkopf, dass auch Stress zu einer verminderten Sehfähigkeit führen kann, wenn der Hund noch nicht ganz blind ist. Es ist deshalb wichtig, rundum für sein Wohl zu sorgen. Beachten Sie, dass auch die Fütterung dabei eine wichtige Rolle spielen kann.

Shila

Shila war schon elf Jahre alt, als sie Anne und Dietmar aus dem Tierheim holten. Sie ist vermutlich ein Mix aus Hovawart, Border Collie und Cockerspaniel. Ihre Vorbesitzer hatten offensichtlich nicht viel Wert auf ihre Gesundheit und ihr Wohlbefinden gelegt, denn Shila war damals eine viel zu dicke Hündin, die hysterisch am Zaun Passanten verbellte. Im Tierheim versuchte man ihr Gewicht mit »Friss die Hälfte« und Senioren-/Diät-Futter in den Griff zu bekommen. Als sie zum ersten Mal in die Wohnung ihrer neuen Besitzer kam, drehte sie eine Runde und legte sich dann selbstverständlich vor das Bett. Sie wollte offensichtlich bleiben!

Shilas Augen waren altersbedingt trüb, außerdem hatte sie Herzprobleme und Arthrose.

Um zu beschwichtigen, leckt sie sich meistens über die Lefzen und gähnt. Für einen Hund hält sie ausgesprochen lange Augenkontakt, was eventuell auf ihre Collie-Gene zurückzuführen ist, aber auch ein erlerntes Verhalten aus der Zeit ihrer temporären Sehschwäche sein kann. Shilas Augen wurden nämlich schnell besser: Gleich nach ihrem Einzug wurde ihre Ernährung auf Rohfütterung umgestellt und ihr Gesamtzustand wurde kontinuierlich besser. Ihre gesundheitlichen Probleme und somit auch ihre Sehbehinderung wurden immer besser und Shila immer fitter. Bereits nach einem Jahr Rohfütterung und abwechslungsreicher Bewegung wurde Anne und Dietmar vom Tierarzt ein gutes Herz ihrer Hündin bestätigt. Auch ihre Augen wurden zunehmend klarer und sie sieht heute wieder ausreichend. Heute ist Shila fünfzehn Jahre und vier Monate und fühlt sich gar nicht alt. Sie ist trotz ihres Alters und den damit verbundenen »Weh-

wehchen« immer gut drauf und zu jedem Unfug bereit. Shila saß ein Jahr im Tierheim, bevor sie in ihr eigenes zu Hause ziehen durfte, weil die Menschen von ihrem Alter abgeschreckt waren. Dabei ist Shila ein unglaublich kluger, toller und schöner Hund, der jeden Tag eine Menge dazulernt und Anne und Dietmar viel Freude bereitet. Umgekehrt konnten auch Shilas Menschen von ihrer Lebensweisheit und Lebenserfahrung profitieren. Geben Sie auch älteren Hunden eine Chance, denn auch sie haben ein warmes Zuhause bei Menschen, die sie lieben, verdient. Sie werden es Ihnen unendlich danken.

Shila

Spiele für zuhause

Prinzipiell kann man mit blinden Hunden die gleichen Spiele spielen wie mit sehenden Hunden. Sie können sogar Bällen nachlaufen, was vielen Menschen unmöglich erscheint. Es gibt viele Möglichkeiten, sich mit einem blinden Hund artgerecht zu beschäftigen und sehr viel Spaß zusammen zu haben!

Spielzeug suchen

Elliott ist schon ein Profi Spielzeug-Sucher. Er wartet in einem Raum und ich verstecke ihm ein Spielzeug, meistens seinen Kong® oder seinen Dino. Der Hund sollte natürlich nicht hören, wo Sie hingehen. Im Laufe der Zeit wurde Elliott so gut darin, dass ich mir nun die schwierigsten Verstecke überlegen muss: im Backofen, in der Waschmaschine oder vor der Haustür. Damit es nicht langweilig wird, variieren wir das Spiel. Er musste zum Beispiel lernen, Küchenkästchen zu öffnen und nun kann ich seine Spielzeuge auch in Schränken verstecken. Er setzt sich dann davor hin, ich sage »Machs auf« und er zieht die Tür an einer Schnur auf. »Machs auf« ist wichtig, damit er nicht auf die Idee kommt, Kästchen zu öffnen, während ich nicht da bin. Er tut es wirklich nicht! Wenn Sie aber einen Hund haben, der Ihre Abwesenheit dazu nutzt, Ihre Vorräte zu leeren, machen Sie die Schnur nach dem Spielen besser ab.

Elliott und die Ente

Um Ihrem Hund beizubringen, ein Spielzeug zu suchen, muss er erst einmal lernen, wie sein Spielzeug heißt. Soll er also seine Ente suchen, gehen Sie wie folgt vor: Nehmen Sie die Ente und stupsen Sie den Hund damit spielerisch an. Wenn er beginnt, sich dafür zu interessieren, das heißt in dem Moment wo er die Ente ins Maul nimmt, sagen Sie freundlich »Ente« und loben Sie ihn überschwänglich. Wiederholen Sie dies ein paar Mal. Wenn Sie das Gefühl haben, der Hund hat verstanden worum es geht, gehen Sie zum nächsten Schritt über und legen die Ente vor ihn hin. Sagen Sie »Ente«. Der Hund wird nun am Boden nach der Ente suchen und sie auch gleich finden. Das ist wichtig, denn der Hund sollte vor allem zu Beginn viele Erfolgserlebnisse haben. Später können Sie einen Schritt weiter gehen und die Ente noch weiter weglegen, um sie dann schließlich wirklich zu verstecken und dann auch noch das Kommandowort »Such Ente« einzuführen.

Spielzeug unterscheiden

Ein weiteres Spiel ist, Spielzeug zu unterscheiden. Sie können es Ihrem Hund wie bereits beschrieben beibringen. Wichtig ist, dass Sie dem Hund erst dann ein neues Spielzeug beibringen, wenn er das andere zu 100 Prozent kennt, damit es nicht zu Verwechslungen kommt. Der Hund muss also den Namen des Spielzeuges mit dem Spielzeug verknüpft haben, bevor Sie zu dem nächsten Spielzeug übergehen.

Elliot liebt seinen Kong®

Schachtel und Päckchen

Die Schachtel ist auch eine schöne Spielidee. Geben Sie in eine Schachtel zusammengeknüllte Zeitungspapiere mit Leckerchen. Es sollten auch »Nieten« dabei sein. Der Hund muss nun in der Schachtel kramen und Leckerchen auspacken. Sie können auch noch ein Päckchen hineinlegen. Ein Päckchen sind zusammengefaltete, mit Schnüren zusammengebündelte Zeitungen. Darin ist eine Überraschung, wie etwas zu Kauen, ein Keks oder Ähnliches. Machen Sie am Anfang einfache Päckchen, damit der Hund nicht frustriert wird. Wickeln Sie die Zeitungspapiere zu Beginn auch nur leicht zusammen, bis der Hund das Prinzip verstanden hat.

Leckerchen-Spur und Leckerchen-Suche

Sie können Ihrem Hund auch eine Leckerchen-Spur legen, die zu etwas ganz Tollem führt. Legen Sie dafür Leckerchen mit Abstand zueinander auf und führen den Hund hin. Dann klopfen Sie auf den Boden und sagen dazu »Such Leckerchen«.

Sie können das auch in Ihrer Wohnung spielen, indem Sie überall Leckerchen verstecken, die der Hund suchen muss.

Es können auch alle Hunde Ihrer Gruppe zusammen suchen (Sofern sie kein Problem haben, ihr Futter zu teilen!). Drehen Sie dafür das Licht ab, damit Ihre sehenden Hunde auch mitspielen können.

Elliott sucht auch gerne draußen nach Würstchen

Zwischen dem vielen Papier sind Leckerchen versteckt

Spiele mit Personen

Ein anderes Spiel ist das Spiel mit Personen. Wenn Sie zu zweit sind, stellen Sie sich ein Stück voneinander weg und rufen den Hund abwechselnd. Wenn er kommt, freuen Sie sich, loben Sie ihn und geben Sie ihm eine Belohnung.

Dann macht das die andere Person (eine Person, die der Hund mag). Machen Sie daraus aber kein hektisches Herumgerufe, denn das könnte den Hund stressen und ihm keinen Spaß machen. Außerdem sollten Sie es nicht übertreiben, damit er nicht das Interesse am Kommen verliert. Wenn Sie dieses Spiel ruhig, langsam und nicht andauernd spielen, stärkt das jedoch das zuverlässige Herankommen.

Seien Sie kreativ! Sie werden bestimmt auch ganz von selbst auf viele lustige Spielideen für Ihren blinden Hund kommen.

Einen Trick einstudieren

Scheuen Sie sich nicht davor, Ihrem blinden Hund Tricks beizubringen, sofern er Spaß daran hat.

Die meisten Hunde lernen gerne neue Tricks und sind sehr stolz, wenn sie diese ihren zweibeinigen Freunden vorführen können. Einen Trick einzuüben macht Spaß und fordert den Hund. Er muss überlegen, was Sie von Ihm wollen und erarbeitet sich etwas mit Ihnen gemeinsam. Solche Dinge sind wichtig für das Selbstbewusstsein des Hundes, vor allem, wenn es sich um einen unsicheren Vierbeiner handelt.

Blinde Hunde stehen sehenden beinahe um nichts nach und können auch beliebige Tricks einstudieren.

Sie könnten Ihrem blinden Hund beispielsweise beibringen, Pfote zu geben.

Pfote geben

Nehmen Sie dafür ein Leckerchen in die Hand, machen eine Faust und halten Sie sie vor den Hund. Er wird eventuell zuerst versuchen, mit der Schnauze dranzukommen. Ignorieren Sie diesen Versuch und geben Sie dem Hund erst das Leckerchen, wenn er an Ihrer Faust kratzt. Sagen Sie dazu das Wort »Pfote« oder was auch immer Sie gerne für diesen Trick möchten, öffnen Sie die Faust und geben Sie Ihrem Hund das Leckerchen. Wiederholen Sie diesen Vorgang drei Mal und machen Sie dann eine Pause. Ihr blinder Hund wird diesen Trick sehr schnell lernen!

Mit den Vorderpfoten auf einen Sessel steigen

Sie können Ihrem blinden Hund auch ohne weiteres beibringen, auf einen Sessel zu steigen. Es kann auch etwas anderes sein, wie zum Beispiel ein umgedrehter Wäschekorb. Achten Sie jedoch darauf, dass der Korb nicht wegrutscht, das könnte Ihren Hund erschrecken und ihm den Spaß nehmen.

Stellen Sie den Sessel vor den Hund. Signalisieren Sie ihm, was Sie tun, damit er nicht irritiert ist. Wenn Ihr Hund den Sessel abschnuppert, loben Sie ihn und geben ihm ein Leckerchen. Machen Sie das ein paar Mal, dann wird der Hund verstehen, dass er etwas mit dem Sessel tun soll. Er wird Ihnen nun ein paar Verhaltensweisen anbieten: Sobald er den Sessel mit der Pfote berührt, belohnen Sie Ihren Hund und vergessen Sie dabei nicht, sich mit ihm zu freuen und ihn zu loben. Bestätigen Sie dann nur noch dieses Verhalten, bis er verstanden hat, worum es tatsächlich geht. Dann können Sie ein Signalwort (zum Beispiel das englische »Touch«) einführen.

Sie müssen nicht befürchten, dass der Hund nun ständig auf Sitzmöbel steigen wird, nur weil er diesen Trick kennt. Ich benutze ihn manchmal, um den Hunden ihre Brustgeschirre anzuziehen, es ist also auch noch ein praktischer Trick!

Eine Schublade öffnen

Hunde macht es stolz, Kunststücke zu lernen und vorzuführen. Sie können Ihrem blinden Hund zeigen, eine Schublade zu öffnen – er wird sich bestimmt freuen, Sie im Alltag unterstützen zu können.

Binden Sie eine weiche Schnur an die Schublade. Das Ziel ist, dass Ihr Hund auf ein Kommando an der Schnur zieht und die Lade so aufgeht.

Halten Sie Ihrem blinden Hund die Schnur an die Schnauze, bis er beginnt, auf sie aufmerksam zu werden. Reagiert er in irgendeiner Form auf die Schnur, loben Sie ihn freundlich und belohnen Sie ihn mit einem Leckerchen. Ab dem Zeitpunkt, wo Ihr Hund die Schnur in sein Maul nimmt, belohnen Sie ihn nur noch dafür. Versuchen Sie Ihren Hund immer in der Sekunde zu loben, in der er das von Ihnen gewünschte Verhalten zeigt. Dazu müssen Sie achtsam und schnell mit dem Lob sein.

Gehen Sie sehr langsam vor, um Ihren Hund nicht zu frustrieren und beenden Sie die Übungen, wenn das letzte Mal so geklappt hat, wie Sie es sich vorstellen. Wichtig ist, dass Sie und Ihr Hund sich gemeinsam freuen und Erfolgserlebnisse haben.

Beginnt Ihr Hund dann an der Schnur zu ziehen, belohnen Sie ihn zeitgleich. Belohnen Sie ihn auch, wenn die Schublade gar nicht aufgeht (weil er vielleicht zu schwach zieht oder nicht gerade davor steht), denn das ist für den Moment nicht wichtig.

Wenn Ihr Hund verstanden hat worum es geht, können Sie Ihr Signalwort einführen, zum Beispiel »Lade auf«. Anschließend können Sie ihm beibringen, die Lade auch wieder zu schließen, wenn Sie »Lade zu« sagen.

Nasenarbeit

Nichts liegt näher, als mit einem blinden Hund Nasenarbeit zu machen, denn sie ist eine sinnvolle und artgerechte Beschäftigungsmöglichkeit.

Eine einfache, kleine Fährte legen

Alles, was sich auf dem Boden bewegt oder bewegt wird, hinterlässt eine Fährte. Zum Beispiel Menschen oder Tiere, sogar Insekten oder Fahrzeuge. Das bedeutet, dass Bodenverletzungen erzeugt werden, die Gerüche verursachen. Dieser Geruch ist nach etwa einer Viertelstunde am stärksten und klingt nach anderthalb bis zwei Stunden wieder ab. Einfluss auf diesen Geruch haben das Alter der Fährte, das Wetter (feuchter und kalter Boden ist leichter für den Hund) und die Art des Untergrundes: Weicher Boden hat mehr Geruch als zum Beispiel Sand, und eine Fährte auf gefrorenem Boden altert sehr langsam.

Um mit Ihrem Hund Fährtenarbeit zu machen, brauchen Sie für den Hund ein Brustgeschirr, eine 5 - 10 Meter Leine und Belohnungen, die dem Hund schmecken.

Zu Beginn soll der Hund lernen, einer ersten, kurzen Fährte zu folgen. Ist der Hund auf der Fährte, belohnt man durch Weitergehen, verlässt er diese, bleibt man stehen.

Bitten Sie jemandem, Ihnen zu helfen und den Hund zu halten, während Sie die Fährte legen. Ist Ihr Hund besonders ängstlich oder schüchtern, ist es vielleicht besser, Sie halten den Hund und der Helfer legt die Fährte. Machen Sie die erste Fährte nicht zu lang: Maximal 50 und mindestens 30 cm lang.

Die erste Fährte sollten Sie auf weichem Untergrund legen. Wählen Sie für Ihren blinden Hund zunächst ein einfaches, sicheres Gelände, am besten ist eine Wiese. Den Abgang, also dort wo Sie weggehen, sollten Sie abtreten und eventuell markieren, damit Sie nicht vergessen, wo Sie weggegangen sind. Am Ende der Fährte legen Sie Futter, also eine Belohnung ab, zum Beispiel eine Portion Fleisch. Gehen Sie dann noch geradeaus weiter und verlassen Sie das Gelände mit ausreichend Abstand zur Fährte.

Führen Sie den Hund dann an den Abgang. Wenn er die Fährte verlässt, bleiben Sie stehen und belohnen Sie ihn, indem Sie weitergehen.

Sie können als erste Fährte auch eine Schleppfährte legen: Der Geruch, den Sie hinter sich herschleppen, fördert die Motivation des Hundes, und er wird den Fährtengeruch schnell mit dem Auffinden des Futters verbinden. Am Ende der Fährte bekommt der Hund immer das, was geschleppt wurde. Bauen Sie dann die Schleppe langsam ab.

Freiverlorensuche

Ziel ist es, dass der Hund lernen soll, innerhalb eines bestimmten Bereiches etwas zu suchen. Dieser Bereich sollte am Anfang eine kleine Fläche sein, da für den Hund der Stresspegel steigt, je größer die Fläche ist. Beginnen Sie mit einem für den Hund beliebten Gegenstand, also einem Zottel oder einem Kong®. Bevor es losgeht, überlegen Sie, ob Ihr Hund gerne apportiert. Ist dies nicht der Fall, sollte er den Gegenstand einfach nur anzeigen.

Freiverlorensuche baut man mittels einer Geruchsstraße auf. Stellen Sie auf einer Wiese zwei Hütchen im Abstand von etwa zehn Metern auf und gehen Sie zwischen diesen Hütchen 15 Meter in Schlangenlinien entlang und wieder zurück. Lassen Sie irgendwo dazwischen den Gegenstand fallen. Führen Sie den Hund dann zur Geruchsstraße, er wird die Suchfläche von alleine einhalten, wenn er jedoch deutlich hinausgeht, rufen Sie ihn zurück. Generell sollten Sie aber nicht einwirken, da es den Hund verunsichern und stören könnte.

Nach einigen Malen können Sie dann ein Kommando einführen und später die Größe der Fläche ausdehnen. Positionieren Sie den Gegenstand an vielen verschiedenen Stellen und erst später, wenn der Hund sehr sicher ist, können Sie die Geruchsstraße abbauen. Wenn Sie das tun, legen Sie den Gegenstand zuerst dorthin, wo der Hund ihn sonst als Allererstes sucht. Später können Sie dann den Gegenstand einfach einwerfen und den Hund mit einem Kommando losschicken.

Fährten machen Elliott viel Spaß

Tipps für Trainer

Natürlich gibt es kein Patentrezept dafür, was zu tun ist, wenn ein blinder Hund zu Ihnen ins Training kommt, da jeder Hund verschieden ist. Es gibt dennoch ein paar Punkte, die man im Umgang mit einem blinden Hund beachten kann:

- Lassen Sie den Hund zuerst an der Leine (3 - 5 Meter) den Platz erkunden. Lassen Sie den/die Besitzer/in den Hund an Hindernisse wie zum Beispiel Geräte heranführen, damit sich der Hund nicht stößt. Gehen Sie den Platz ruhig öfter ab, damit sich der Hund sicher fühlen kann. Die meisten blinden Hunde sind auf unbekanntem Gebiet unsicher (die einen mehr, die anderen weniger) und deshalb ist es umso wichtiger, dass der Hund die Situation und Umgebung als positiv empfindet. Aus der fremden Umgebung muss unbedingt eine vertraute Umgebung geschaffen werden.

- Gestalten Sie Ihre Trainings unbedingt so, dass sie die ersten Male immer am gleichen Ort stattfinden.

- Leinen Sie den Hund erst ab, wenn Sie das Gefühl haben, er kennt nun das neue Umfeld.

- Sprechen Sie mit dem Hund mehr als mit einem sehenden Hund. Viele blinde Hunde möchten von Fremden nicht gerne angefasst werden und reagieren deshalb sensibel auf Berührungen.

- Wenn Sie den Hund rufen, tun Sie dies ruhig mehrmals, damit er Sie orten kann.

- Viele blinde Hunde haben mit neuen Untergründen Probleme. Achten Sie darauf.

- Vergessen Sie nicht, dass blinde Hunde nur beschränkte Kommunikationsmöglichkeiten haben und keine Beschwichtigungssignale wahrnehmen können. Auch Mimik und Gestik natürlich nicht. Haben Sie also immer im Hinterkopf, dass blinde Hunde Gefahren anders einschätzen als sehende Hunde und im Extremfall gar nicht einschätzen können. Am besten reagieren Hunde auf neutrale Dinge. Überfreundliche, euphorische Menschen können für Sie genauso eine Bedrohung darstellen, weil ihnen die Kommunikationsmöglichkeit fehlt, um diese Situation einzuschätzen.

Es ist also umso wichtiger, den Hund auf Situationen wie Anleinen und Annäherung vorzubereiten. Achten Sie auch darauf.

- Verwenden Sie keine Stangen oder Ähnliches, um den Hund zu führen. Das muss schrecklich sein, da er in seiner Ausdrucksmöglichkeit noch mehr eingeschränkt ist.
- Führen Sie Signalwörter ein, die ankündigen, was als Nächstes passiert.

Gedanken zum Schluss

Menschen, die Ihnen zur Euthanasie Ihres blinden Hundes raten, wissen es nicht besser. Wir Menschen neigen dazu, in unserer eigenen subjektiven Realität zu leben und Dinge zu verurteilen, die wir nicht kennen und mit denen wir nichts anfangen können.

Wir verurteilen schnell Andersartige, Menschen, Taten und Leben und stecken alles in eine Schublade, die sich nicht leicht wieder öffnen lässt.

In Wirklichkeit fällt es uns nur schwer, über unsere Fußspitzen hinauszusehen.

Gerade in solchen Momenten sollten wir durchatmen und versuchen, Dinge von einer anderen Seite zu betrachten.

Erst gestern war ich mit dem blinden Trolli und seiner Besitzerin spazieren, und ihn lachend über die Felder laufen zu sehen, hat mehr gesagt, als jedes Buch, das jemals geschrieben werden kann.

Ich hoffe dennoch, dass dieses Buch Ihnen und Ihrem Hund im Alltag hilft, dass Sie einander achten und eine schöne Zeit miteinander verbringen. Ich hoffe, dass Sie Tipps für sich und Ihren Hund gefunden haben, die Ihnen im Training weiterhelfen.

Vergessen Sie nie, sich gegenseitig zu vertrauen und zu respektieren. Sie sind des Hundes Augenlicht. Sie müssen für ihn sehen und ihn sicher durch seine Umwelt führen. Wenn er zu Ihnen spricht, hören Sie ihm zu und antworten Sie ihm. Seien Sie geduldig mit Ihrem Hund, und seien Sie vor allem in jeder Lebenslage geduldig mit sich selbst.